Chairs of the Ming and Qing Dynasties in
Southern Area of the Yangtze River

江南明清椅子
珍赏录

何晓道 著

浙江人民美术出版社

官帽椅椅背板木雕　人物

官帽椅椅背板木雕　人物

何晓道，又名何小道。爱好收藏三十多年，创建了浙江宁海江南民间艺术馆和宁海十里红妆博物馆。先后出版了《红妆》《江南明清门椅子》《十里红妆·女儿梦》《江南明清建筑木雕》《江南内房家具绘画》等著作，其中《江南明清建筑木雕》获得了国家"山花奖"。何晓道2012年获得"中华文化人物"年度奖；2015年被中国美术学院聘为研究员。

序

靠背椅椅背板开光木雕　高士图

序
一

为明清椅子立传，是我多年的愿望，我首先要写的是自己收藏的第一把椅子。

十多年前，我调查古民居，在宁海海边的一个村庄下浦村看到一座四合院，鲜明的盛清风格，石刻门首上有"乾隆"字样。四合院中堂有一套完整的堂后屏风，屏风前是一案桌，案桌前是八仙桌，两侧是两把官帽椅——这样的摆设方式近两百年来似乎没有改变过。尤其让我惊奇的是，屏风和建筑上的门窗格子风格一致，案、桌和椅子的造型、装饰纹样、工艺手法完全相同，从古旧程度上看，也同属一个时代，我几乎可以肯定它们是由同一工匠制作。二百多年风风雨雨，古代家具竟有如此顽强的生命力，顿时书中读到的历史变得清晰起来，变得具体到近在眼前，仿佛乾隆盛世伸手可触，我为之震撼。

屏风虽已破损，却依然立于堂后；案桌四腿烂得矮了许多，依靠破损的屏风才得以立足于堂中；两把官帽椅，一把已面目全非，而基本完整的另一把，唤起了我想拥有它的欲望。

经过讨价还价，我如愿以偿地将这把官帽椅搬进了自己家中。这是我收藏的第一把明清椅子。以后的日子里，我用双手摸遍了这把我坚信是乾隆时代的椅子，想象着工匠制作它时的情景，揣度着工匠的艰辛和才智，甚至他们的音容笑貌，遥想着主人家当年的境况和主宾坐在椅子上谈说世事的情形。二百多年岁月足够让我无限遐想，我为椅子而想象泉涌，我为椅子狂而不能自制，我为椅子以及其他民间工艺、民俗文化的奔波自此开始。

为江南明清椅子立传，不得不提到黄花梨木椅子和紫檀椅子，它们是椅子中的贵族，专供王公贵族享用。这些椅子在中国古典家具中是最经典的种类，其材质的雅美、造型的高古、线条的流畅、纹饰的简洁、享用的舒适，体现了中国工艺的辉煌成就。然而，那些没有登入庙堂而散布在江南民间的明式榉木、楠木椅子，它们和黄花梨木、紫檀椅子有着相同的造型、一样的榫卯，有用同一个线刨刨出的线条、同一种雕工刻出的纹饰，不同的仅仅是木料，它们的艺术成就同样是不可忽视的。这些当年被称为"国木"的榉木、楠木是当地最优质的木料，用它们制作的椅子和那些黄花梨木、

明式椅子椅背板木雕　寿纹图　　　　　清式面盆架中的木雕　弈棋图中的明式靠背小姐椅

紫檀椅子是出自于同一时代的同一帮匠人之手，这个事实是无可否认的。

艺术来自于民间，民间艺术是一切艺术的源头。当黄花梨、紫檀等优质木料尚未从海外运进来时，明代家具大多数以榉木、楠木、梓木和柏木等当地优质木料制作，这些民间家具的结构、造型以及制作工艺为以后名贵木料家具的制作提供了基础。

本书所说的江南明清椅子主要分布在太湖流域、新安江流域和宁波绍兴水乡的村镇中，存世量同样稀少。进入新世纪以来，黄花梨、紫檀等名贵木料家具日益匮乏，人们已经清醒地认识到，这些以榉木和楠木以及其他优质的梓木、柏木等木料制作的家具有着和黄花梨、紫檀家具相同的历史、相同的艺术价值。美在于赏心悦目的视觉效果，而不在于它的材质是否名贵。

为江南明清椅子立传，还想为清式椅子正名。当人们提起古家具的时候，无不肯定明式家具的成就，对清式家具却几乎是众口一词的批评。尽管清式家具中的床、柜、架等失去了素雅、简洁、舒适实用的优秀品质，然而对于清式椅子，应该有不同评价。

清式中堂椅子稳重、厚实，把榫卯格子运用到椅子中，增加了椅子阴阳虚实的美感；清式书房椅子疏朗而且富有文心，依然强调木纹肌理的自然装饰；清式内房椅子彻底改变了明式椅子的装饰和审美理念，采用朱砂和黄金这些最名贵华丽的色料，绚丽明快，无论造型、结构、纹饰还是色彩，都显现出了赏心悦目的艺术效果。清式椅子和明式椅子是两个不同时代、不同风格的家具艺术的典范。

为明清椅子立传、为民间家具正名、为民间艺术喝彩，应该成为 21 世纪国人的共识。经过近百年的战火洗劫，经过十年"文革"，人们对社会历史的认识，对未来社会、经济、文化艺术的走向，开始了新的理性的思考，我们没有理由遗忘代表了更广泛的社会大众审美观念的乡土文化和民间艺术；没有理由遗忘直接体现社会发展脉络的乡土遗迹遗物；更没有理由否定乡土艺术应有的历史文化价值。目前全国范围内针对古镇、古村落、古宅等的乡土寻根热潮的兴起，意味着人们的乡土文化意识已经开始觉醒。随着对乡土文化研究的步步深入，对明清椅子、乡村匠作，还有那些生活于乡村社会的椅子主人们的审美意趣、生活情调以及他们生存的社会空间的研究将会更广泛、更深入。

书房中的椅子摆设

序

二

椅子是坐具的一种，一般把有靠背和扶手的坐具称为椅子，而把没有靠背和扶手的坐具称为凳。椅子是人类最亲近的家具之一，具有威仪、品格等人文概念。

椅子的威仪，是礼仪制度中重要的内容之一。椅子的大小、高低、繁简代表了使用椅子的人的身份、地位、尊卑等意味。

中国古代社会最尊贵的皇帝用的椅子称为宝座，既高又大，宽得像床。其用料、做工非同一般，或用紫檀、花梨，或雕漆、彩绘，是神圣的皇权象征。而江南地区明清时代士大夫或官僚的椅子也按级别而确定椅子的尺度，故至今还有人把官位比作座位。法官的椅子后背高，高于座位中法官的人头，象征的是法权至上。椅背象征法权乃是国际惯例。

明清时代，一方面加强皇权，另一方面强调文治，科举取士的制度使社会成为读书人管理的社会，秀才、举人、进士逐级考录，社会管理层的执政者成为在文章、书法等方面都有一定造诣和水平的人，这些人同时也是社会管理层的主流。文治是封建社会稳定和发展的原因之一。科举功名的

清代建筑门窗木雕上的靠背椅

清代建筑门窗木雕中的靠背椅

等级和家居堂室中椅子的尺寸大小有一定的关系。遗憾的是，无从查考具体官位和椅子尺寸关系的法规，或许是以潜规则的形式存在和流传，以此表示对位高者的尊重。

在传统儒家礼制下，乡村中以宗族为基础的宗亲管理是社会重要的管理形式，但科举制度中产生的人才仍旧是乡村社会管理的主要负责人。如果村族中有人取得秀才资格，而先前族里并无秀才出身的人，那么这位秀才便承担了这个村族的社会管理责任，在族长的配合下，开展农村基层工作。而秀才家也可以设中堂而陈列椅子，招待客人，椅子尺寸需合其功名和出身。倘若秀才中了举，便成举人，其他秀才便是他的助手，而举人便成为乡村社会治理的负责人。那么他家的椅子可以换成大一点的尺寸，因此，椅子就是身份和地位的象征。椅子不但有大小、高低之分，同时还讲究摆放的方向性，面南而坐则尊，面北而坐则卑；面南即称王，面北即称臣；置东即左为大，置西即右为小，次序在礼仪

清代建筑门窗木雕中的小姐椅

中形成共识。

人有人品，物有物性，椅子的品性、品格是由椅子的造型、结构、线条、装饰、色泽等构成的综合结果，椅子的形态、气度决定了对椅子的理解和认识。我们把椅子的品性分成大气、雅气和俗气（甚或令人生气）几类。而椅子的威仪则是由功能延伸出的：由椅子带来人的形体美、尊严，甚至成为权势象征。

椅子是人体美学和生活环境的直接体现，椅子衬托人体，使人体保持一定的姿势，使人体美观而有风度，使人们在休闲、劳作时感到更加舒适。坐在端庄的太师椅上的人，感觉稳重而且落落大方，体现出气宇非凡的君子风度，座位中人也会正气顿生、邪气烟消，椅子从环境意念中规范人的

清代婚床木雕中的床、桌、椅

行为，提升人的品格。

在优美的圈椅上端坐的学士，精致风流，极具雅士气质，椅子规范了人的体形，衬托了人的形象，也使人精神舒畅、文思泉涌，极具高古之气，高士之风顿生。

纤纤佳人，半坐于小姐椅中，似依若靠，静如止水，更见似水情怀，端丽中见温情，如画如梦一般。和现代沙发相比，明清椅子坐用时使人挺身、吸腹、宽肩、提股，人体因此而更具造型美和气度美，也具有健体强身的实用功能。而沙发虽然柔软，但低矮而且无法保持人体造型，放松的肢体使人精神松弛。传统社会中的椅子是和床严格分开的，床才是放松、舒适的，而沙发成了坐具和床具的结合体。端庄严肃，稳坐在椅子上的两人面对面交谈时，态度应该是认真的，可以让人身正气定、气足意美，彼此留下美好印象。坐在沙发上相互交流，斜眼看着对方（有时候前面还开着电视机），交流时难免三心二意。遗憾的是这样的会客形式已成为现代家庭生活的主流，也许这也是某种文化的流失吧。

近年来，我们已经开始重新审视传统文化。我们能否从古典家具中找回曾经的行为和生活方式？当然对于强调等级制度、违背人类平等和人权的理念应该摒弃，对尊长、尊师、尊重宾客等传统礼仪则应认同，从生活美学、生命理性中去解读传统生活和体验古人的美好创造。

是为再版序。

概 论 001

一、明代以前的椅子 002

二、明式椅子 006

三、清式椅子 011

四、江南明清椅子的用料 015

五、明式椅子的结构和装饰 020

六、清式椅子的结构和装饰 024

七、江南明清椅子的鉴赏 028

八、江南明清椅子归类 033

江南明清椅子图例和评注 041

一、明式靠背椅 043

二、清式靠背椅 063

三、明式官帽椅 097

四、清式官帽椅 123

五、圈 椅 143

六、清式太师椅 171

七、扶手椅 217

八、小姐椅 243

九、交椅等其他椅子 271

后 记 299

概

论

一、明代以前的椅子

　　七千年前，河姆渡文化中的榫卯干栏式木结构建筑初现人类文明曙光。丰富的汉代木胎漆器的出土，唐代佛光寺木结构建筑的存世，无不体现了中华文明中利用木材的辉煌成就。椅子作为木器家具中的一个重要门类，我们能够看到的实物资料比它存在的实际历史要短得多。尽管目前有一些宋代随葬椅子明器的出土和发现，但不足以反映当时椅子的实际情况，只能呈现当时椅子的基本式样。我们至今没有充足的证据可以证明有元代以前的木制实用椅子存世。对于明代以前椅子的了解，我们只能从汉代的画像砖、画像石、墓道壁画，北魏的石刻，敦煌壁画和唐、宋、元时期有限的绘画中寻找研究素材，从这些如实地记录当时的生活风尚或是艺术创作的历史画面中追寻椅子的演变过程。

　　汉代是我国文明史上一个重要的里程碑，丰厚的物质基础繁荣了手工艺术，精美绝伦的木胎漆器让后人惊叹。从广州汉代南越王墓中出土的木胎漆面屏风上，可以看到成熟的榫卯结构。汉代厚葬之风兴盛，在地下保留了很多画像砖和画像石，这些反映现实生活的艺术作品为研究汉代家具提供了原始资料。在这些无字的史书中我们看到，席是西汉时期的主要坐具，不管是宴饮的士大夫、讲学的尊者，还是市井小民、书生和献乐的乐工，都是在地上铺一块席子，席地而坐。席地而坐是汉代人最基本的坐的方式，以至今天的"席"字仍旧是座位的代名词，如席位、出席等。到了东汉，人们坐的方式发生了变化，已经有了铺设着席子、略高出地面的四方坐具。这种坐榻的产生经历了漫长的时间，然而这种坐的方式的改变是划时代的，是人们生活习俗、思想观

汉墓壁画　二人对坐在矮榻上

念的一个变化，也是家具发展史上的一次飞跃。

汉代有了坐榻的同时，也出现了放在坐具后面的一块简单的屏风或双折围屏，在坐的习惯上也有了新风尚。不过从保存丰富的汉代画像砖和画像石中看出，汉代的基本起居方式仍旧是席地而坐、席地跪坐，大多数人习惯以跪坐方式交谈、饮酒、书写和劳作，只有贵族才开始使用低矮的坐榻。

汉画像砖上的宴饮场景宾主席地而坐

魏、晋、南北朝时期，描绘有贤人烈女、佛教故事的绘画作品为我们留下了这一时期坐榻的形象。在这些绘画中，坐榻变得丰富而且精美，形式多种多样，装饰趋向华贵，出现了有券口带托泥的榻脚，坐榻的高度也开始上升，高脚的正方或长方形榻四角出现四根立柱，使坐榻基本具备了床榻的要素。采桑、煮饭的普通平民依然席地跪坐，追求时尚和想体现身份的达官贵人逐渐开始席榻而坐。坐具已有了明显的社会等级区别。魏、晋时期是由席地坐向席榻坐过渡的时期。西魏绘画中出现了接近明清椅子概念的坐具，有靠背和扶手，但看上去较低矮，无法垂足而坐。

唐代是手工业极其发达的时期，政治的稳定、经济的繁荣，迎来了文化艺术的辉煌，这是一个崇尚华丽高贵之风的时代。这时出现了类似于凳子的四足坐具。四足间壸门形的券口曲线优美，人们开始垂足而坐。同时出现了带靠背和扶手的完整意义上的椅子，高度足够垂足，与后来的椅子相差不多。床榻作为有身份有地位者的象征，仍被同时使用。唐代是垂足坐发展的里程碑时期，椅子的造型设计也和唐代其他艺术门类一样，追求风韵饱满，有优美圆润的线条，显得

清　任熊《人物图》中的扶手椅

壮实厚重，装饰上追求华丽富贵，显示了大唐盛世灿烂的色彩。

　　五代的椅子在结构上已经具备了基本特征，造型已由唐代的粗壮厚实变为清秀纤弱，椅脚上下粗细一样，形成了新的风格，这种椅子的风格一直影响着宋、元、明数百年间椅子的造型和审美理念。人类文明史中许多生活方式、生活空间千年来保持不变，那些最基本的审美情趣、最原始的思想理念世代传承，一直延续到今天。唐代和五代，椅子已经广泛进入了社会生活，但地位卑贱的奴仆还是有跪坐的习俗。从出现垂足而坐到各阶层普遍采用座椅的生活方式的改变，又经历了漫长的岁月。

阳刻文字

　　宋代鼓励南唐、西蜀一些有成就的艺术家从事艺术创作，带动了手工艺术的迅速发展，在绘画中留下了许多有关椅子的信息。宋代士大夫的生活中，书桌、高椅是赋诗作画时重要的家具。一些绘画画面中的文士雅集，高椅上人们垂足而坐，主宾分明，尊卑有序。宋代椅子在品种上已经出现了带舒适护围的圈椅和轻巧灵活的交椅，以及稳定庄重的扶手椅。椅子依然是尊卑有别、样式不一，从画面上看，尊者的椅子高大而华丽，侍者的椅子简单且朴素，从一个侧面体现了封建社会森严的等级制度。宋代结束了席地坐和席榻坐的生活方式，垂足坐已普及到社会的各个阶层。

　　元代只有不到百年的历史，却是打破两宋思想封闭的岁月，手工艺术在这个大气候下尤为兴盛。

　　纵观汉代画像砖到唐、宋、元绘画作品中有关椅子的描绘，我们可以大致梳理出中国人席坐方式的演进过程：席地而坐—席榻坐—垂足而坐，垂足而坐的生活方式一直传承至今天。

　　关于宋元式样的家具以及宋元椅子的研究，目前学界似乎有了基本的观点，在传世家具实物中，一些产生早于明代的家具，与明式家具有显著的不同风格，在家具框架上可见宋元建筑中小木作装修的特点，有精致简约的框架和结实的榫卯结构。家具木雕上可以看到起凸浮雕或透雕，图案以花卉和飞禽走兽为主，画面左右对称，基本接近

阳文图案

宋元建筑中常见的图案和雕刻手法。在考证和研究宋元家具过程中，很难找到明确的完整证据，只能从不同于明式家具风格的宋元式样的家具中确认，肯定不会是后明式家具时代的清式家具的风格。

在近几十年探索中，人们发现古代家具的实物传承有以下几种：一是尚未有完整证据链的宋元式样的家具体系，二是以明清宫廷中流出和散落于藏家手中的黄花梨家具为代表的明式家具，三是清代中早期才从明式家具中发展起来的清式家具。椅子也与其他家具门类一样，经历了三次重要的发展过程。

清代婚床木雕中的桌、椅

二、明式椅子

　　朱元璋建立了大明帝国，新的政治体系促进了社会经济的迅速发展，特别是永乐一朝，开创了明代强国的历程。随着皇宫北迁，大批优秀的民间匠师得到宫廷启用，而以苏州为代表的江南富家大户营造的高楼大屋中，也集中着优秀民间工匠制作的家具。江南手工业繁荣，以苏州东山镇为代表的优秀明式家具制作工艺，在当时已经形成优势，在满足当地需求外，也将优秀的家具源源不断地由运河向北运入京城和皇宫，以满足宫廷陈设的需要。江南的官家和工匠以能够为宫廷提供家具为无上荣耀，他们在技艺上互相竞争，在制器艺术上不断完善，使江南家具的制作水平空前提高。

　　明中期以来，江南经济又进入了新的发展时期，商品日益丰富，大多出自百工之手，家具是百工制品中的大宗商品之一，江南家具制作自此进入了明以来最繁荣的时期。以苏州为代表的江南富商巨贾争相修建私宅园林，家具因为室内陈设的需要，种类更丰富，制作技艺上更加精益求精，家具的风格也开始有了明确的取向。明代王士性《广志绎》记载："斋头清玩、几案床榻……尚古朴

由考古出土的有纪年的南官帽椅中可以看到，传世椅子和出土物并没有多少区别，但明代万历年间基本一致的传世椅子并不鲜见。由于传世椅子在考证的过程中无法寻找确切的年代依据，只能从式样上确定为明式，无法肯定是明代作品。稀有的有确切纪年的出土椅子便成为传世椅子重要的对证物。

南官帽椅
出土于上海肇家浜路明代万历年间的潘允征墓

四出头官帽椅
出土于苏州明代万历年间的王锡爵墓

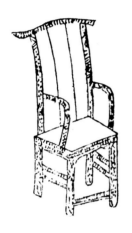

画中的明代末年的椅子虽然
透视和比例并不准确，但为研究
当时的椅子式样提供了有效的旁
证。从椅子的框档结构上看，有
的是画出了完整的科学结构，但
也会有漏画某根框档，使椅子少
了构件的情况。左图中的椅子少
了后腿档。右图中的椅子更是简
化了三边的腿档。

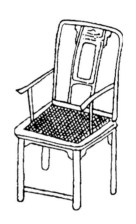

明代万历王圻《三才图会》刻本插图中的椅子　　　　　　　　　　　　　明代万历王圻《三才图会》刻本插图中的椅子

不尚雕镂。即物有雕镂，亦皆商、周、秦、汉之式。海内僻远皆效尤之，此亦嘉、隆、万三朝为始
盛。"这说明明中期已经建立了简约、古朴的审美理念，人们推崇素雅、高古的家具风格。椅子也在
继承宋元风格的基础上开始了对这种风尚的追求，并逐渐形成"明式"特征。

　　文人对家具设计的直接参与和间接指导，进一步提高了明代家具的制作水平，不但在制作工艺
上精益求精，更重要的是在理论上有了系统的总结。明末清初的浙江兰溪人李渔在《闲情偶寄》中
写道："盖居室之制，贵精不贵丽，贵新奇大雅，不贵纤巧烂漫。"当时居室装饰的追求风格是追求
实用舒适，在功能上强调科学性。更可贵的是当时文人推崇以古为雅，以朴实为雅，反对繁雕缛饰，
视雕琢、斧斫外露为俗，认为"徒取雕绘纹饰，以悦俗眼，而古制荡然，令人慨叹实深"。明代文人
关于家具的这些理论和观点，在存世的明式家具中都能得到印证，明式椅子也不例外。

　　纵观家具发展的历程，明代文人最热衷参与设计家具和进行理论的总结，他们无疑对这一时代的椅子产生了深远的影响。书画家文徵明在椅背上题文刻字："门无剥啄，松影参差，禽声上下，煮苦茗啜之，弄笔窗间，随大小作数十字，展所藏法帖笔迹画卷纵观之。"还有一代大家董其昌也在官帽椅上题文："公退之暇，披鹤氅衣，戴华阳巾，手执《周易》一卷，焚香默坐，消遣世虑。江山之外，第见风帆沙鸟，烟云竹树而已。"

寿纹

这些江南文人雅士把自己的情感记录在椅背上，增加了椅子的艺术内涵，也成了明代江南文人参与椅子设计和制作的明证。

　　明清交替时期，清朝统治者依然任用大批明朝官员，吸收汉族文化，家具的制作依然传承明代已经成熟的制度和风格，并在康熙、雍正两朝间把明式家具推上了无比辉煌的艺术巅峰。

　　康熙、雍正两朝已经是大清帝国，为什么说这近百年做的椅子仍然叫明式椅子呢？朝代的更替由明代到清代的纪元只是一日之间，传统社会中，由于信息不畅通，交流不便，一门造物风格的形成需要漫长的时间。那时候的匠师们生于明代，生活和学艺于明代。造物技艺秉承的是那个时代流行的风格和特点，虽然朝代更替了，但与其他民间风俗习惯一样，家具的风格断不会在短时间里改变，明式家具的制作风格仍然在信息闭塞的古代传承了数代。因此，明式家具及明式椅子的制作时间，应该是明代到清前期的康熙、雍正以及乾隆早期的三百多年间。

　　用现在的眼光来欣赏明式椅子，你会感受到它以简朴的点线构成十分耐看的立体效果，椅子已经具备了雕塑最基本的多维空间，所以从某种意义上来说，明式椅子也是成功的雕塑作品。

　　坐在明式椅子上你会惊奇地发现，用坚硬的木材制作的椅子处处让你感受到温和、体贴。明式椅子的座面承托臀部和大腿，靠背护着你的腰，扶手以支撑上身，连双脚也有脚踏衬垫。体验明式椅子时，椅背弧度与人体背部的弧度合理相合，后脑可靠在椅背搭脑上，双腿垂直，挺胸收腹提臀，使体内脏器空灵而不粘连，使人心肺舒畅，气血充足，神志清醒。

明式椅子的设计遵循力学原理，不同的部位分别承担身体不同部位的重量，按人体结构合理设计椅子各部位的结构，体现了以人为本和求实的制作理念。不仅如此，明式椅子还追求表现人本身坐在椅子上的美好形象和自信、自尊的意境，椅子成了完善人的品性和提高人格品位的重要载体。

椅子作为与人接触最密切、最能体现人的地位和品性的家具，从来都是工匠们精心打造的对象，倾注了设计者的匠心，融入了中国传统文化中最精粹的理念。每一件优秀的明式椅子，其线条、体积、虚实对应都体现了至善至美的艺术匠心，其气、其势、其意、其神都达到了只可意会而不可言传的神奇境界。

明式椅子崇尚质朴之风，不加装饰，注意材质美，充分运用木材本身的纹理，不加遮饰，利用本质肌理和本色特有的材料美，来显示家具木材本身自然质朴的特色。

明式椅子注重线型变化，形成直线和曲线的对比，方和圆的对比，横与直的对比，具有很强的形式美。以清秀雅致见长，以简练大方取胜。

明式椅子是文人雅士和工匠共同创作的结果，或者工匠本人也是富有文化修养的能工巧匠，唯此，才能创造出如此不朽的艺术品。明式椅子以其前所未有的功能性与艺术性的完美统一，为这一历史时期的文人雅士和能工巧匠留下了流芳千古的高风倩影。

明式椅子追求体态秀丽、造型洗练，不善繁缛。注重面的处理，运用传统建筑框架结构，造型方圆、立脚如柱、横档枨子如梁，变化适宜，从而形成了以框架为主、以造型美取胜的特色，使得明式椅子具有造型简洁利落、淳朴劲挺、柔婉秀丽的工艺特征。

从一些有确切年代可考的明代早期的文保单位建筑中，可以了解到当时的木结构建筑的梁架结实而且简约，梁、柱、枋、框、档充分考虑形体的线条，虽然装饰的木雕简素不繁但线条流畅而优雅，尤其是门窗上的格子，简约的图案不断重复，却不失其高雅气度，使整体建筑平稳中有灵动的气息。建造明式建筑梁架的大木作与制作家具的小木作有

拱撑

兄弟般的匠门关系，互相影响是自然的。明式建筑装修的小木作与明式家具中的小木作却是出自同一匠门，同工而作，有着一致的时代审美意识。尤其是明式椅子，椅子四腿如屋柱，椅子搭脑似梁架，椅子面框也同枋木一般，同时代的建筑韵味与家具的神态基本一致。只是明式家具的研究已经有了系统的理论，而明式建筑的表述尚未成熟。

清代建筑门窗木雕中的明式椅

三、清式椅子

经过清初百年的社会稳定，江南经济迅速繁荣，也使文化艺术成就达到了一个新的高峰，但是到了乾隆中期，优越的社会经济条件使下一代逐渐丧失了前辈求知立业的精神，社会族群开始日益浮躁和不安，求实的思想开始动摇，人们逐渐放弃了文化精神中对理性的追求，对于艺术的欣赏也已经没有了足够的耐心，美学知识的贫乏，使更多的人忘却了前人对家具优秀品质的深刻理解，浮华时代已经到来。写作于乾隆中期的《红楼梦》直接反映了这一时期江南主流社会的实际情况。曹雪芹用神奇的笔墨为我们记录了一个封建家族从盛世顶峰走向衰败的典型案例，也可以从中看到繁荣的江南开始了精神上的停滞不前，一个辉煌的帝国已经走向衰落。

满族人入主中原百年后，尽管汉族人曾经极力抵制其政治统治、艺术欣赏以及生活习惯，但在强权压力中仍无法抗拒帝国的主要意志，也会在潜移默化中自觉或不自觉地接受和认同了统治阶级的政治倾向和艺术上的审美意趣，统治阶级的文化进入了大众阶层中，形成了满汉合璧的新文化。

椅子和茶几的配用

明 杜堇《玩古图》中的圈椅

另一方面，在古建筑法典《营造法式》的影响下，建筑制度数百年不变。在这部法典里，我们还能看到小木作技艺世代传承，直至清初依然不变。到了雍正十三年，清工部颁布了《工程做法则例》以顺应时代发展中建筑制度的变化，以法规的形式对宋代以来的建筑制度进行了变革。建筑形制的变化必然带来室内陈设的改变，也使得家具的形式和风格有了创新的可能，包括椅子在内的民间家具开始转变风格。这个变化的转折点在乾隆中晚期。从乾隆前期有纪年款的椅子中尚能看到明式的风格，到了后期就开始向清式转变了。

高古、典雅之风仍然还由少数士大夫阶层保留着，但更多的人变得媚俗，为取悦家财万贯而文化贫乏的统治阶级，经数百年建立起来的民间家具在其功能上的科学合理性和审美上的高雅情趣被随意改变，明代文人和工匠创立的以古为雅，追求自然天成、推崇质朴简约、反对繁雕缛饰的基本观念被逐步否定。

清式家具应运而生，江南明清椅子的发展也进入了清式风格时期。

清式椅子的基本框架源于明式椅子，为迎合清式家具的"时尚潮流"而逐渐改变明式风韵。清式椅子不满足简约的遗风，在椅背、壶门、圈口和框档线条上进行雕饰，使椅子显得华丽富贵。

明式椅子追求的是功能上的舒适和大雅精巧的气度，而当人们把目光集中到雕饰上时，简洁、明快、舒畅等明式椅子风格自然渐渐失落了。重功能、巧装饰的明式品质被重装饰、轻功能的清式时尚所取代，家具变得繁华绚丽，充满富贵气息。虽然清式椅子的基

太白醉酒

本框架依然保持前朝式样，但原本适合人体结构的曲线已不再准确，靠背也变得不舒适，椅背上增加了分段并且满背雕饰人物、花鸟、山水等内容，牙板、券口也镂雕精致，角牙开始以浮雕和透雕的形式装饰，犹如建筑上的牛腿承托，一些清式椅子被装饰得繁花似锦。

椅子的品种上，清式椅子出现了中堂太师椅这种壮实厚重的样式，一改扶手、搭脑的传统式样，把木格子攒接在靠背、搭脑和扶手的整体构造上，用线条营造椅子座面上半部分，座下则出现了束腰，使椅子上下分明。

同时，椅子使用的范围迅速扩大，在传统的圈椅、中堂太师椅、文房靠背椅之外，清式椅子的种类空前增多，孩童有孩童椅，内房有小姐椅，店堂有钱柜椅，内急有马桶椅等，椅子渗透到社会生活的各个角落。

例如清式靠背椅基本上传承了明式靠背椅形式，后椅脚与靠背柱顶天立地以一木连做，搭脑或出头或直角没有创新改变。清式靠背椅的框架截面已经从圆形改变成方形，由圆而方可以节省用工成

刘海戏金蟾

本，也是明式椅子与清式椅子主要的不同。清式靠背椅的搭脑和后柱内转角增加了角花，一方面可以增加结构的强度，另一方面也是美化椅子的装饰方式之一。清式靠背椅的座面下出现了束腰，束腰下出现了浅地浮雕，壶门上以透雕和浮雕水口镶边，使靠背椅显得格外华美。

又例如清式太师椅是明式家具时期不曾有过的种类，有明式玫瑰椅的基本形，但超出了玫瑰椅的尺寸和气度，运用建筑门窗格子中的大栲格子图案，使太师椅更加庄重典雅，成为清式中堂存设的主要座具。

嘉道年间，江南社会经济开始走向衰落，但乾隆盛世的遗风仍在，清式椅子的风格更明显、更具体，椅背雕刻复杂，似乎是一件精致的屏风，牙角和牙板镂空甚至着彩，犹如华丽的神堂，已经彻底脱离了明式椅子的意气和风范。

清代家具木雕中的椅子

同治以后，大清帝国日渐衰落，经过近百年的时间，元气已经丧失，经济走向下坡，椅子也已无力维持繁缛精致的雕饰，取而代之的是粗俗不堪的另一种"简单"。这种椅子既无明式神韵，又无清式华美，基本脱离了对美的追求，完全是拙劣的模仿。这种低俗的椅子常见于清末至民国初年，并且存世较多。

明清椅子经历了前后两个鼎盛时期：前者是呈现简洁、精炼、素雅、舒适、轻便等品性的经典时代，即明式家具时代，这种风格从形成到成熟经历了从明代至清早期三百多年的漫长时间；后者是乾隆晚期以后呈现厚重、庄严、富丽华美风格的清式家具时期，这是社会进入另一个繁华时期后形成的新的风格和时尚，但好景不长，于乾隆晚期到同光年间近百年内形成并迅速衰落。明式椅子体现的是士大夫的文秀、高雅之美；而清式椅子表现了更广泛的社会民众的民俗之风，这种"俗"发展至今已经经历了二百年历史，又演变成民俗风情的另一番美了。

如果说明式椅子被文人雅士所关注、青睐并由他们亲自参与设计，那么华美的清式椅子则体现的是生活功能的需求和富家大户生活的体面。

四、江南明清椅子的用料

江南明清椅子的木材用料主要有本土木料、东南亚海运洋料和自四川由长江漂流而来的川楠。

一、江南明清优秀的椅子主要产于太湖流域、新安江流域和浙江杭嘉湖地区和宁绍一带，这些地区周边的丘陵山林是椅子木料的产地。古代受运输条件限制，木料就近择取，而当地良好的森林资源足以保证家具木料的供应，本地木材是江南明清椅子用料的主要来源之一。

二、明初永乐年间，郑和太监的航海船队七下西洋，一方面向西洋诸国宣扬了国威，另一方面促进了经济交流。从中国江南各地采购丝绸、茶叶和瓷器等物品，与西洋诸国及沿海地区交换商品，其中船队压舱回来优质的黄花梨、鸡翅木等木料，开启了海上木材贸易的先河。明清时期便有了从东南亚及我国海南岛等沿海地区进购红木料，木料成为海上贸易的重要商品，通过水路从千百里外运来的舶来料，也是明清椅子外来用料的主要来源。

清代建筑门窗木雕中的仕女图中的椅子

三、江南地区明清椅子用料还有从四川采购的。四川主要产楠木，江南称其为川楠，川楠质地细腻，不易被虫蛀，分量轻，不变形，易加工。川楠运输可通过长江顺流而下，到上海中转到太湖流域和浙东沿海地区。四川也是江南明清椅子用料重要的原产地之一。

明清时期物流极其方便，无论从西洋还是川地而来的洋料及川料，都可通过内河水道分销到江南各地，极大地丰富了明清家具制作的原料。

椅子制作的用料自先要求质地细腻、温润、致密、坚实，纹理优美耐看的良材。常用的国产木料有楠木、榉木、梓木、柏木、樟木、银杏木等，这些都是江南一带质地较好的树种。

　　楠木，品种较多，质地也不尽相同，川楠最好，闽楠次之，浙楠稍差。楠木也会因山土、南北朝向的不同、生长速度不一样，质地有粗细之分。楠木有金丝楠木、银星楠木等纹色不一的种类。楠木纹理清晰，温和近人，抚摸如肌肤之感。楠木重量轻，易加工，千年不烂，是明清时期江南地区制作椅子的最佳木材之一。优质的金丝楠木原产自四川盆地，有清晰的深色云水纹，十分珍贵。

　　榉木，分红榉、黄榉两种。红榉色深如蜂蜜，古称"蜜色"，今人则称"咖啡色"；黄榉色偏黄，纹理近红榉木，但质地更细密，纹理更隐秘，木质也更坚实。榉木剖面犹如山水画的树龄纹，民间称之为"宝塔纹"。榉木很重，不蛀不烂，也是本土所产的优质木材之一，和楠木并称为"国木"。在硬木从西方进入江南地区之前，榉木在家具制作中应用较广泛。

　　梓木，民间称"千年梓"，意谓能保存千年，是明清建筑中常见的木材，也是家具制作中使用相当普遍的树种。浙江东阳卢宅有明确纪年的明早期用梓木建造的建筑实物，历经五百多年依然坚硬而且不蛀不烂。梓木颜色呈乌枣色，深沉老到，虽新犹旧，所制椅子古朴高雅。古代有称工匠叫"梓

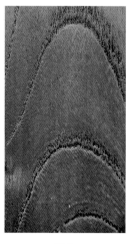 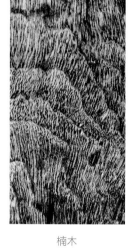 

榉木　　　　　　　　　　楠木　　　　　　　　　　柏木

| 榆木 | 朱漆 | 鸡翅木 | 白藤座面 |

匠""梓人"，不知和梓木有什么关系。

柏木，百年老柏，尚未为材。柏木生长速度极慢，届可用时，中空而且表面凹凸不平，千疮百孔。但柏木材质坚硬、细净，呈淡黄色，有清香味。柏木制品温润尔雅，是清中期做椅子的良材。

樟木，有红心樟和白心樟两种。红心樟又称"油心樟"，香味浓，含脂量极高，千年不变。白心樟只有淡淡的香味，但易雕刻，并且颜色清白。千年巨樟在古村村口存世较多，但皆已腹空。建筑木雕大多用樟木，椅子的角花、牙板也常用樟木雕刻。

银杏木，树大面宽，不变形，不开裂，是板料的最佳选择，江南民间椅子座面面板一般都用银杏木。银杏木纹理细净，质地细软，因而也是清水雕刻的优质材料。

木荷，木荷树是四季常青的宽叶树，材质呈米黄色，无明显木节。没有看到明式家具有用木荷制作的实例，但红漆椅子有用木荷木制作的，清末扶手椅和靠背椅常见用木荷木制作，但品质相对差些。

江南明清椅子从海上舶来的木材主要有黄花梨木、鸡翅木、紫檀木、红木和花梨木。

黄花梨木，黄花梨，中文学名降香黄檀，别名海南黄檀、海南黄花梨、花梨。蝶形花科，黄檀属，为豆科植物，原产地在中国海南岛吊罗山尖峰岭低海拔的平原和丘陵地区，多生长在吊罗山海

黄花梨木

红木

拔 100 米左右阳光充足的地方。其成材缓慢、木质坚实、花纹漂亮。从海南岛和西洋贸易中所得的最珍贵的木材就是黄花梨。黄花梨产于海南地区以及东南亚国家，木料大多空心奇曲，直径较小，但黄花梨性能稳定，不变形不翘，纹理生动多变，颜色平静不喧，是宫廷家具中常见的木材，常见于明末清初和清中期制作的椅子中，清末已不见黄花梨椅子。

紫檀木，紫檀木主要产自热带地区，在中国生长不多，由于这种木材生长缓慢，非数百年不能成材，成材大料极难得到，且木质坚硬、致密，适于雕刻各种精美的花纹，纹理纤细浮动，变化无穷，尤其是它的色调深沉，显得稳重大方而美观，故被视为木中极品，有"一寸紫檀一寸金"的说法。

红木，色深红，质沉重，有自然的木纹纹理。红木并非颜色红者称红木，而是专指特定的一种木料，广泛见于清中期以后到民国初年的椅子中，至民国晚期又逐渐消失。红木为热带地区豆科檀属木材，主要产于印度和东南亚地区，也是常见的名贵硬木。这种木料在江南地区的江浙沪一带人们习惯称呼为老红木，在广东和周边地区则称为酸枝木。

花梨木，相对黄花梨质地偏粗，孔点如鼠毛纹，颜色淡白，上色上漆后近于红木，花梨木材料大者可见一米以上，进口于民国时期，是红木渐稀缺之后的替代木料。江苏、上海人

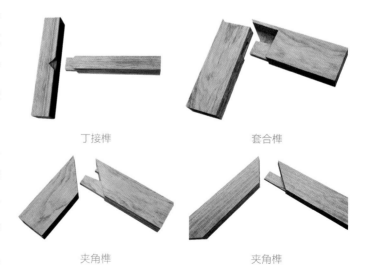

丁接榫　　　　　　　　　套合榫

夹角榫　　　　　　　　　夹角榫

别称其为香红木，也是从东南亚经海运而来的硬木。

棕绳和白藤是制作椅子的辅料。棕树是江南常见的树种，人们采其棕衣，拉丝、织绳，用棕绳编织棕棚。椅子座面若非板面必用藤面，藤面底下肯定是棕绳结棚。白藤是南国野生古藤，颜色白里泛黄，用藤条编织成精细的经纬平面，间以高古的几何纹饰，光滑而平整。用柔软的棕和藤做座面，如同素净的软垫，使人长时间坐于椅上也不伤身体，是明清椅子辅料中的首选。

江南明清椅子和其他家具的木料基本相同，不用杉木、松木等质地较差的树种，要求木质坚硬富有韧性，有一定的承重强度，以保证榫卯结构的牢固；纹理清净细腻，耐虫蛀。具备这样条件的木料不多，因此江南民间制作椅子可选用的木材范围不广，各地工匠有基本的共识。

制作椅子需要黄鱼胶。鱼胶是鱼的胃，人们习惯称其为鱼胶。把事先已晒干的鱼胶放在铁锅里煮烂，高温下的鱼胶是液体，一旦冷却便成了坚硬的固体，用之可以达到胶接的目的。椅子的所有榫卯部位都要用鱼胶粘接。胶接打紧后还要用竹片倒梢打牢，这样榫卯之间便坚固紧密地交合在一起，数百年不松动。

木工完工后的椅子需要打磨、上漆，上漆需要生漆、桐油，红漆椅子则需要朱砂，雕刻处的装饰还需要用贝壳粉、青金石粉、黛粉和金箔等名贵天然色料，这些都是明清椅子制作中必不可少的材料。

明榫 　　　　　　　　　抱肩榫 　　　　　　　　　抱肩榫

五、明式椅子的结构和装饰

椅子主要由椅背、扶手、座面、椅腿四部分构成。椅背有独板背、分段隔堂背和笔杆背等几种。

明式椅子的独板椅背，有局部开光施雕，也有光素不加雕饰体现自然木纹肌理的做法。明式椅子开光处浅浮雕常见有龙凤、仙鹤、灵芝和花卉等纹饰，图案左右对称，上下饱满，在椅背板素雅中开光，点亮了整把光素线条流畅的椅子。

明式椅子的隔堂式椅背，雕板以薄板夹框为主，一般分为二段式，二段式指的是一块椅背板上分上下二组雕刻图案，上段常见浮雕寿纹、龙纹、花鸟和写意纹式，背板底部镂雕起线条的亮脚，显得简约、秀美和大气。

明式椅子的笔杆式靠背，由上段微微后弯的圆木杆子排列组成椅背，称笔杆背。

明式椅子椅背上部的一根横梁叫"搭脑"，或称"搭脑梁"。搭脑与椅子的式样和风格一脉相承，压住整把椅子，决定椅子的"天际线"。

椅子有靠背椅、圈椅、官帽椅等丰富的种类，但椅腿是不变的基础部分。椅子前腿一木连做伸出椅面上部的部分称"鹅脖"，后腿延伸直上连接搭脑部分称椅背柱，椅腿与椅腿之间的横档叫"踏脚档"。

扶手有圈椅的圈头扶手、出头扶手、栲格扶手等，扶手决定了椅子的名称、式样、个性和用途，是椅子最重要的结构。

明式椅子构造上的最大特点是首先强调椅子自身榫卯结合的科学性、合理性，同时兼顾人体结构，这种以人为本的设计理念始终是明式椅子所追求的。以人为本，不仅要求人坐在椅子上舒适，而且充分考虑到坐在椅子上端庄大方的人的形象，椅子成了完善人格尊严的物质保证之一。

明式椅子的装饰可以用温文尔雅来概括。

椅子由四腿承撑，椅腿有方料腿、圆料腿、内方外圆腿等几种。其在框档的形状上追求几何造型的优美柔和，没有一件明式椅子框档的断面有尖锐的棱角，甚至没有正方或长方形的框档截断面。从椅子的框档正面是否是直角平面基本上可以确定是否是明式椅子。

椅子框档上流畅而又不尽相同的阳线线脚是明式椅子最具特征的装饰手法，精细的起凸线沿着壶门的内侧边线呈流线态走过，在椅腿边角上阳起，使明式椅子细致而精雅。

明式椅子使用明榫和暗榫二种结构。明榫是把卯眼打穿，使榫头通出框档或椅面，用竹梢倒梢打入榫头末端，使榫头涨实在卯眼中，同时也可以看到榫卯本身的自然美和工艺美。暗榫是不把卯眼打穿，榫头锯出微微外小里大的尺寸，将榫头打入卯眼，榫头不穿出卯眼或椅面。

清代床屏绘画中的椅子

明式椅子四腿、靠背、搭脑、扶手、帐子之间的高低、长短、粗细、宽窄、空间比例都让人感到无可挑剔的协调，并且与椅子的功能相适应，视觉上挺拔秀丽，表现出简练、古朴、大方之美。

明式椅子利用自然木纹肌理来做装饰，追求原始的自然美，物我两忘，回归天然，这是明代文人所追求的境界。

明式圈椅有一圈柔和且大气的椅圈，既是搭脑又是扶手，同时又是极美、极具个性的装饰。圈椅在整体上上圆下方，阴阳相合，充满灵动飘逸的气息。圈椅框档大小略有变化，圈头雕刻写意龙凤图案，一团和美，活泼可爱。明式圈椅椅背上或以自然木纹作装饰，或雕以一鹤展翅、双龙戏珠、团花或祥云如意等图案，都是独板作背，体现结构、功能、装饰上一气呵成的至高品质。

明式圈椅的座下不见束腰和溜臀结构，但强调壶门的视觉效果，壶门在两腿之间柔和美妙，壶门正中间凹凸起伏，或刻一束相交卷草，或刻含苞欲放的鲜花，或刻石榴含子娇艳欲滴，表达生命中美好的爱情和祈求多子多福的愿望。

明式官帽椅因椅的搭脑和扶手间形如古代官帽而得名。圆腿为主，纤细而文静，如江南书生之

明　吴彬《五百罗汉图卷》中的各种椅子

儒雅、富家女子之端庄，令人百看不厌。明式官帽椅椅面以棕棚作底，白藤为面。扶手和搭脑为阶梯式，搭脑高，扶手低，主次分明，功能清晰，不为装饰而装饰，如同由线、面组成的空灵的雕塑。美来自纤细线条形成的立体效果。明式官帽椅的搭脑、扶手、镰把棒和鹅脖都呈优美的弧度，使椅子充满优雅的动感和柔韧性。椅背亦事雕饰，以开光为主，或方或圆，开光边缘有一圈阳线，或刻动物，或雕花卉、变体寿纹，是点睛之笔。明式官帽椅表面漆色有黑色和深蜜色两种，追求古朴典雅之美，即使是当年新做也刻意营造古旧质地，是当时崇尚高古之风的直接体现。

　　明式靠背椅有二出头和不出头两种，二出头椅也叫灯挂椅。靠背椅是没有扶手而仅有后背的椅子的统称，明式靠背椅因为没有了扶手，看上去更清秀简练。靠背椅搭脑和梁柱的榫卯结合，将搭脑自身弯挖转角后和梁柱平接，增加了搭脑的强度，同时也产生平静和谐的视觉效果。椅背用天然木纹作装饰。这种靠背椅搭脑弧度柔和，背板呈优美的"S"形曲线，洁净优美，代表了明式家具简练、纯朴的隽秀形象。明式靠背椅也有方料制作的二出头形式，椅背开光施雕龙纹、凤纹等浮雕图案，使静态的椅子有了动感，充满生气。

笔杆椅也叫梳背椅，由简单的笔杆形直木条构成靠背和扶手，是文人雅士喜欢的书房用椅之一。笔杆椅扶手两侧的笔杆形直木条，用车木制作。车木不知始于何时，无从考证，这种利用机械制作的创新手法，在当时也是时尚的直接体现。

明式小姐椅似乎是缩小了的靠背椅，这种微型椅子小巧玲珑，十分可爱。明式小姐椅首先具备明式二出头椅和不出头椅的基本要素，通体光素，背板施浅浮雕，同时采用朱砂颜色。天然的朱色增添了小姐椅的气韵，使之更加迷人。明式小姐椅是小姐在闺房和内房洗脚用的专座，它让人联想江南纤弱女子闺房内的情境。旧时小姐早已作古，小姐椅却依然如故。

明式交椅由宋代传承而来，是具有古老形式的椅子。用四根木料相交便构成椅子的基本形状，结构非常科学，座上越是重越稳定。而且可以收放，是郊外出游时携带的特殊款式。这种椅子的出现和游牧等动荡生活有关，在和平年代里，则是达官贵人郊外出游的专用椅子。

明式椅子造型上淳朴清雅，气韵生动，不重雕饰，强调材质的浑然天成，不仅有流畅隽永的线条美，还有含蓄、高雅的意蕴美。明式椅子精炼的形式结构和科学合理的榫卯工艺，使人们产生了关于美的无限遐想，明式椅子无疑是明式家具中的精华。

六、清式椅子的结构和装饰

　　江南地区古代家具从用途上分四类，椅子也可以分别纳入这四个体系。一是宗庙椅子，主要是佛像专用的宝座和僧人打坐的禅椅。二是中堂椅子，有官帽椅、太师椅等，以清水木纹为主，体量宽大，追求庄严，体现气势，是主人厅堂陈设的重要组成，也是家庭及主人身份的象征。三是书房椅子，有圈椅、梳背椅等，装饰上追求精致、雅美和书卷气息，是最具个性化追求、最能体现文人心态和文人气质的椅子一族。四是内房椅子，这是女子出嫁时作为嫁妆送往夫家的随嫁物品，是女主人的私人用具，纤小精致，华贵富丽，流动着女性纤细、柔和的韵律，直接体现了女性的审美情趣，有小姐椅、洗脚椅、小圈椅等。

　　清式椅子中最能体现时代风格的便是中堂的太师椅，太师椅是清式椅子的代表作，是清代中期才出现的椅子式样，不见于明式椅子门类中。太师椅事实上是扶手椅的一种，但江南民间习惯将这种清中期才开始出现的椅子叫太师椅。"太师"是封建社会的一阶官名，太师椅显示了主人非同一般的社会地位，是家庭富裕的直接体现，普通平民是不可能有成对成套的太师椅作厅堂陈设的。

　　太师椅有书卷背搭脑，也有罗锅枨搭脑，但更多的是由榫卯攒斗的栲格搭脑。太师椅椅背一般

椅背板开光木雕　龙凤福字图　　椅背板开光木雕　草龙图　　椅背板开光木雕　宝鼎寿纹图

官帽椅椅背板开光木雕　八蛮献宝图

官帽椅椅背板开光木雕　八蛮献宝图

分三段隔堂装饰，也有四段甚至五段隔堂的，三段最典型，也最协调。一般上段浅雕云纹、如意纹或花卉瓜果；中段是主要的装饰部位，人物、动物、山水景物，无所不雕；下段则镂刻如意纹、蝠纹、云纹，底部镂亮脚透空，使本来厚重、壮实的太师椅在视觉上有一线空灵。丰富的雕饰题材是清式椅子最典型的特征，太师椅椅背雕刻上的贴金、彩绘、嵌镶、堆塑，无不体现了清式椅子华丽的风格。

清式太师椅由小木条榫卯构成空灵的图案，同时也形成扶手和搭脑。这种粗实的木格赋予了太师椅极美的艺术效果，使它呈现出一种稳定、庄重的视觉空间，雕塑感很强。

太师椅还有一种嵌骨和镶黄杨的装饰手法，有平嵌、高嵌两种。施嵌的底板以红木和花梨木为主，但椅子主要用材还是榉木、楠木、梓木等江南自产的木料。在用进口木料制作的硬木清式太师椅中，无论紫檀还是花梨，都能看到椅背板开光处镶云石或樱木板的装饰，与硬质材料相配相当协调。

清式官帽椅以方料为主，无论是四腿、搭脑、扶手，一改明式官帽椅纤巧、秀丽之风格，逐渐显现了厚重端庄风格。在椅背装饰上也以深浮雕的人物为首选，而且无背不雕，壸门边饰、牙板和牙角以深雕、透雕和镂雕为主，表现形式追求华丽，渲染着盛清的繁华。

清式圈椅已经不是当时流行的椅子的主要品种，清式圈椅是在明式圈椅的基础上附加了各种雕刻装饰，椅背一改明式圈椅局部施雕的装饰手法，代之以整板雕刻，牙角也镂刻各式瓜果、花卉、座下券口透雕龙纹、卷草缠枝纹，整个券口玲珑剔透，将清式圈椅装点得富丽堂皇。

清式内房红漆小圈椅和洗脚椅最具时代风格，在椅子式样上虽然仍然是传承传统结构，但装饰技法已经完全不同，雕作的用工时间超出了小木作的工作时间，雕刻的构件需要打磨髹漆，还用名贵的天然朱砂作底色，雕刻处用贴金装饰，朱金相间，绚丽华美，是清中期已经成熟的典型清式椅子。

内房小圈椅从明式圈椅发展而来，它的椅背上繁雕缛饰、贴金嵌贝，牙角和牙条上镂雕花卉、瓜果，把鹅脖刻成白象，把镰把棒雕成草龙，把后腿上段饰成倒挂的狮子，极尽雕饰，不厌其烦，造就了豪华的富贵气派。

清式小姐椅，也叫洗脚椅，是闺房和婚房里专用的椅子。椅侧有一个小抽屉，专门存放金莲小鞋。旧时女子的脚是不能让人看见的，鞋也成了隐私，所以藏在椅子底下。小姐椅的高度低于其他椅子，便于洗脚，同时也使椅子显得小巧玲珑，如同体态轻盈的江南女子。清式小姐椅椅背、牙板、牙角雕刻丰富，装饰绚丽，浓艳的朱砂红闪烁着华贵的金色，是绚烂到极致的美，小姐椅是明清家具中的明珠。

清式钱柜椅像一个大箱子，用又厚又重的木料制作，在椅面上开一个钱孔，这是椅子中特殊的例子。马桶椅

靠背椅椅背板开光木雕中的仕女图

专门存放马桶，它有一个可以翻起的椅面，也叫桶盖，掀开后便可使用马桶，放下盖子后又是椅子。将不雅之物掩藏在椅子里面，构思巧妙。

清式椅子在结构和装饰上以木雕为主要手段，在雕刻的题材上，"图必有意，意必吉祥"，采用寓意、谐音等手法，丰富的具有吉祥含义的装饰纹样处处可见，如福寿绵长、吉庆有余、五子登科、八蛮进宝等图案。工艺技法上，充分运用浮雕、透雕、堆塑、嵌镶等艺术手法，极尽工巧。

值得一提的是清代椅子背板上的浮雕人物，这些椅背雕板夹框做法，雕板或是由主人请雕匠来家中操刀，俗称"家作"，也有作坊式雕刻的"买作"，买作的椅背雕刻一般用川楠雕刻，板料厚约三分，雕刻匠师具有专业技术并且长期从事同一题材的创作，熟练掌握了浮雕的工艺技法。从传世的椅背板雕人物中可以看到，雕板线条流畅，神情生动，工匠以刀代笔，充分展示了当时木雕技艺的高超水平，让今人叹为观止。

清代床屏绘画中的仕女和椅子

清式椅子把结构的实用性和装饰的审美性有机地结合起来，呈现了华美精致的家具门类。

七、江南明清椅子的鉴赏

清式椅子椅背板开光木雕　才子佳人图

艺术品鉴赏大多是以看为主，兼顾手感，因此明清椅子的鉴赏，形、色、质和手感都很重要。

首先是看造型，即椅子的骨架，骨架主本，本源正，则意气存，形体决定了椅子的气和势，一件优秀的椅子造型由框、档、板构成，充分考虑上下、大小、轻重等比例，充分考虑方圆、虚实、硬软的关系，追求形体协调和谐而且有大气和雅气之风。

其次椅子需要边、角、面上的雕饰，雕饰是在椅子造型的基础上进行，故需要充分考虑椅子的主体，恰到好处地施艺，角花，背板开光，座下溜臀、壶门等要上下关联，或虚实兼顾，或风格一致，或方圆相合。

其三是上色髹漆，髹漆是椅子表面重要的装饰，或髹黑漆，体现庄严稳定；或清水木色，突出木材纹理和质感；或朱金相间，呈现富丽华美。

其四是完整性，一件有一定年代的椅子，在充分考虑本质本色的同时，更应注重在数百年使用后的状态，完整是基础，即使残损，也希望不要在椅圈和扶手上、椅面上、椅背开光上、壶门的雕饰等主要部位有残损。后腿、侧档、牙子、角花、肚档等次要的地方，修复后不伤大雅。

由于人类有爱恋人类本身的天性，生命中的最爱仍旧是人类自己，因此人类造物亦是以人为本。模仿自身结构，自觉或不自觉地进入自恋式的创造中。

椅子的造型和各部件的名称都是模仿人类自身，人们把椅子的上端横档称搭脑，既是搭靠使用

开光浅雕狮图

者的头脑，又居于椅子最高端类似于脑袋的位置，搭脑下面自然是椅背，背下座上两侧称扶手，类似椅子的双手。座下可见束腰，腰下溜臀。又有前后腿脚，双腿之间，溜臀之内当是壶门，而壶门中间常见石榴、卷草和鲜花图案，象征生殖，既祈求多子多孙，更是美妙的拟人化构造。四腿之下必是脚档，由上而下构成了完整的拟人结构。

古朴之美是欣赏古代艺术品重要的因素，旧不等于脏，脏不等于旧，古朴是朴实之美、醇厚之美、沧桑之美，是由离当今时代遥远的元素形成和体现的高古之美。虽旧但不脏，虽旧但有饱浆。边角润泽，面无浮光火气，渐退人工痕迹，似有天工，自然古朴之美在岁月洗练下凸显出平和宁静之美。

椅子具备三维立体的结构，有体积感和雕塑感，是一件由木质拼成的雕塑作品，在古典家具品种里，椅子极具艺术性。椅子中虚面实，上轻下重，平衡稳定，承载的是人体，为人的舒适、尊严、威仪和生活需要而设计，因此优秀的椅子强调人在椅子上的视觉效果和使用椅子时的舒适和尊贵，不同的椅子有不一样的风格和特征：中堂椅子，威仪庄严；书房椅子，文雅简约；内房椅子，温馨热烈。从造型到式样强调不同环境、不同人群，不同功能，使椅子适合各种环境和人群。

江南明清椅子的鉴赏和其他古典家具一样，不仅是看其形状，还应看其连接的榫卯结构，穿销打槽，不同的榫卯结构既蕴含了科学的技巧和功能，又是美的体现。各种不同的连接口因椅子位置的不同、结构的不同而采用不一样的榫头和卯眼，或双榫并入，或半榫相含，或

清式椅子椅背板开光木雕　举案齐眉图

太师椅椅背搭脑浮雕　兽面图

攒边打槽，或穿带夹板等。榫卯不仅仅是内卯的连接需要，同时还充分考虑了表面的接口美观，把接口作为装饰。榫卯有对角榫、直角榫、插肩榫、明榫、暗榫等。榫卯结构不但使椅子有科学的接口连接，既简约又坚固，同时使椅子有真实的结构美，视觉上的接口美，从而使椅子有直观、可想象，由里而外丰富的美。

对眼前器物的欣赏，还应该联想五百年来社会的变化。由于历史给人们留下的资料并不丰富，我们有明代和清代的历史年谱，它们翔实记录了帝皇的传承沿革脉络，而这一时期的江南地区，除了主流社会的发展变化，在更广泛的社会层面又发生了哪些变化呢？尤其是明清交接转变时期，尽管满族统治者仍旧沿袭了明代的封建礼仪制度，尊崇儒家思想，但是由于统治者文化背景不同，在主流的强势影响下，社会在潜移默化中逐渐发生变化，从椅子的形式上看虽然五十年间变化不大，但一百年过后，风格特点已明显不同了。

我们从椅子的年代考证中了解到明清五百年间创制的椅子风格的演变，能想象我们的祖先在这五百年间又是怎么过来的吗？通过椅子的时代风格变化，我们有足够的想象空间，在悲喜交加中感受明清时代的沧桑和文明脉络的断续。

明清椅子的鉴赏，应该了解和区分不同地域的地理风貌和文化背景。江南地区不同的地理环境，在不同时代有着不尽一致的家具发展过程。江苏南部地区，入清后一百年来仍传承了明式家具的风格，使这一地区的椅子数百年来有明式椅子的工艺特征，即便是清中晚期，环太湖流域依然保留了明式椅子风格的工艺。而浙东沿海地区，由于受五口通商之便，在清末进口了大量的硬木材料，甬式家具因此蓬勃发展，椅子中出现了硬木混作的现象，同时结合西方式样创制了一批有欧洲风格又有中国传统结构的椅子，这类椅子往往被人误解为民国时期的家具，其实是1840年五口通商以后的时代产物。

椅子有时代、地域和工匠流派的影响，为我们断代、印证产地和工艺特征留下许多鉴赏的信息。

明清椅子的鉴赏应对各时代各地主要工匠流派有基本认识，江苏南部地区以榉木为主，匠师们充分尊重榉木的自然纹理，巧妙地使这些自然纹理成为椅子的主要装饰，追求简约、朴实之美；而东阳地区，是东阳木雕的发祥地，椅子上采用了东阳木雕的装饰手法；宁波地区，是朱金木雕的故土，在椅子上常见朱金相间的木雕装饰；绍兴、嵊州一带，建筑和家具上常见清水浅雕的木刻工艺，椅子上精美的浅浮雕木刻成为这一地区椅子装饰的主要手段。

凡收藏古典家具大多先从椅子入手，理由可能是椅子虚以待人。椅子低于人，从意念和感觉上看是人可以驾驭的体量，同时椅子摆着服务于人的样子，因此与人特别亲近。古典椅子有其独特的使用功能，并具有造型优美等特点，因此收藏椅子的人越来越多。

古典家具中椅子无床榻之大，可容数个人，而且满床琳琅，充满浪漫风情；亦无橱柜之高于人体，巍巍乎压于众家具之上。椅子承受人体，包容人而为人的功用、尊严、威仪、舒适而用，直接服务于人、亲近于人。

要说椅子的仿制，目前市场上常见硬木椅子仿品，主要是新做并且以古典家具的名义销售的家

太师椅椅座面下浮雕　蝠纹图

交首龙纹

具，但也会在古董市场上看到混同古董销售的仿古椅子，大多由于古典家具价位在上升。近年已见榉木、楠木等江南地区本土木料仿制和改制的椅子，或古木新做，或改官帽椅为圈椅，改梳背椅、靠背椅为扶手椅等。在收藏过程中应注意：一件经典的椅子，目前出售价远远低于做工成本的，应考虑是否为仿品。冒充古代椅子无非是为获取更大的利润，而仿制品用传统工艺制作，以仿制品的价格出售，既传承传统文脉又为现代生活增添生活气息，让当代人得以享受古代文明成果，是社会倡导和值得大家尊重的善举。

椅子无论是古代的还是新仿的都可以为现代居家生活增添乐趣，我们断不是也不能把居家生活空间刻意复古，而应利用传统元素在现代生活空间中装点环境，运用古典家具和古典椅子创建时尚生活和感受中式居家文明，运用古人创造的生活方式，融古今生活空间于一室，享受古今文明的成果。

八、江南明清椅子归类

1. 明式靠背椅

靠背椅主要存设在书房和内房中，是主人日常生活中必备的椅子，一般放在南窗之下，民间也称其为窗下椅。书房和内房即使有客人，也是亲朋好友，更不会长时间地坐用，无须摆排场，故靠背椅座面尺寸小，以简单实用为主。

存世的靠背椅可分明式和清式二类。

明式靠背椅常见后腿上段的立柱和搭脑采用圆柱料，四腿采用前圆后方的截面料。踏脚档前低，两侧高，是为了避免榫眼打在同一位置上，也是为了美观，同时寓意"步步高"。

明式靠背椅后腿上伸的背柱挺拔，搭脑往上起凸，体现了椅子的威仪，椅背板素面不饰，利用木纹机理呈现背板的天然之好，即使有雕刻，也以团花、草龙和翔鹤等简约图案装饰。明式靠背椅背板以"S"形弧度呈现，能适应使用者腰背的弧度，使人感到舒适。搭脑处向内有凹弧，可以稳稳地把脑袋搭在椅子搭脑上。

明式靠背椅素雅、简约和清秀，是明式家具典型的代表作之一。

2. 清式靠背椅

清式靠背椅在明式靠背椅的基础上变化形成，椅子座面下的框档从明式的前半圆改成了方料，椅背板分成了三段式施雕，座面下出现了束腰、雕刻的壶门和垂带，椅柱和搭脑接角内增加了角花等。总之，从明式靠背椅到清式靠背椅是由简而繁，多了些精美的雕刻，却少了些清雅，损失了许多宁静和简约。

清式靠背椅常见有屏背板，屏板上镶嵌大理石，或镂空雕成瓶、叶等

椅背板浅雕　门神

椅背板浅雕 东方朔

图案，是清式家具中特有的装饰。屏背椅只出现于清式椅子，而且是苏作家具，京作、广作都没有这种样式。

清式靠背椅可见搭脑上下前后弯曲，做工虽然繁难，但能把椅背板往后推开，不使后椅柱与背板在同一个平面上，使搭脑有适合脑袋枕靠的弧度，视觉上也有变化，使椅背更具立体感。

清式靠背椅中的笔杆椅虽然与明式笔杆椅在基本形式上相同，但清式笔杆上端一改明式笔杆椅微微后弯的方式，成了直挺挺的硬杆，有的还在杆子中间嵌入雕刻的结子。

3. 明式官帽椅

官帽椅以其造型酷似古代官员的官帽而得名。

明式官帽椅是以简约流畅的内侧起凸阳纹线条著称。虽然它的椅面和四腿等下部结构都是以直线为主，但是上部椅背、搭脑、扶手乃至竖枨、鹅脖都充满了灵动的气息，如流水流淌，视觉上饱满端庄。

明式官帽椅有出头和不出头之分，不出头的官帽椅被称为南官帽椅，是因为它在南方使用得比较多。

明式南官帽椅是江南地区常见的椅子式样，在装饰手法上比较容易发挥，可以采用多种形式装饰椅背及扶手，用材可方可圆、可曲可直。南官帽椅的特点是在椅背立柱和搭脑相接处做出软圆角，由立柱作榫头、横梁作卯眼的做法。椅背使用一整板做成"S"形，"S"形椅背多采用边框镶板做法，或镂雕透孔的如意云纹，或浮雕一组简单花卉图案。

明式官帽椅背上雕刻的图案和座下壶门上的卷草和草龙等图案，有明式木雕图案的特征，这也是区别官帽椅是明式还是清式的方法之一。

4.清式官帽椅

清式官帽椅形体上与明式官帽椅差不多，但实质性的变化有几点。首先是清式官帽椅的座面上端的立柱、搭脑、扶手以及座下四腿和踏脚档都采用了断截面是方形的木料。其次是椅子的背板多数采用了三段式或四段式夹框的形式。椅背板雕刻丰富，有人物、花鸟和其他吉祥图案。再是座面下壶门上出现束腰，腰下档浅地浮雕。或增加了重复档，之间饰木雕结子。或壶门三围采用透雕等。清式江南地区的官帽椅运用木雕装饰的手法形式丰富，是北方地区不曾出现过的现象，山西地区到清代晚期仍然在制作明式官帽椅。

清式官帽椅的靠背板与座面多呈直角关系，人只能正襟端坐，有利于养成良好坐姿。良好坐姿有益于精气神的凝聚和注意力的集中，丹田里充满氧气，能使呼吸通畅，使浮躁的心情平静下来，更好地体现人的精神风貌与内在气质。

5.圈椅

圈椅因为椅子的圈背连着扶手，从高到低一圈而下而得名。圈椅的扶手与搭背形成柔和的圆形，与方形的圈椅座面形成方圆相对的构建，使整椅有阴阳相济、刚柔相合的视觉效果，构筑了完美的艺术想象空间。圈椅造型圆婉优美，体态丰满劲健。坐时可使人的臂膀都倚着圈形的扶手，使用时感到身心舒适。圈椅一般是文房中主人写字画画或书房会客时使用的文椅。

圈椅椅背板符合人体后背体形曲线形状，科学地考虑了使用时的舒适性和人坐在圈椅上的威仪。

圈椅椅圈由三段弧形木料拼接而成，椅圈的弧度决定了圈椅的大小，椅圈的做工是否柔和顺畅也决定了圈椅的品位，秀美的圈椅是明清家具中经典的富有个性的代表作。

清式圈椅椅背板木雕

6. 太师椅

太师椅是清式椅子的代表作，一般成套陈设于厅堂，追求雅致、庄重和威仪，在会客时使用。

太师椅有书卷背搭脑，也有罗锅枨搭脑，但更多的是由榫卯攒斗的栲格搭脑。太师椅椅背一般分三段隔堂装饰，也有四段甚至五段隔堂的，三段最典型，也最协调。一般上段浅雕云纹、如意纹或花卉瓜果；中段是主要的装饰部位，人物、动物、山水景物，无所不雕；下段则镂刻如意纹、蝠纹、云纹，底部镂亮脚透空，使本来厚重、壮实的太师椅在视

太师椅搭脑开光木雕　狮子戏球图

觉上有一线空灵。

太师椅雕饰题材的丰富也是清式椅子最典型的特征，甚至在椅背的雕刻上添嵌镶、堆塑等装饰，体现了清式椅子华丽的风格。太师椅扶手也是用榫卯攒斗的大栲格子制作，一根弯曲自如的线条组成阴阳相间、刚柔相济的图案，而扶手就在图案上，十分巧妙。太师椅座面抹头下有四面束腰、溜肩，使整个椅子线条分明。

太师椅没有券口、牙板、牙角等装饰，一般在束腰下溜肩处浅刻精细的卷云卷草纹饰，这些阳线勾勒成的图案，如汉代玉雕，精致细腻，与太师椅庄重的造型形成对比，大气中有秀气，丰富了视觉上的美感。

7. 扶手椅

扶手椅是有扶手的背靠椅的统称，除了圈椅、交椅外，其余有扶手的椅子也可以都叫扶手椅。值得一提的是太师椅也是有扶手的，却在江南民间被称为太师椅，太师椅陈设在中堂，

搭脑宝石、绳结

中堂是全家或建筑的主要客堂，因此椅子要求尺寸大，有气势有体面，但扶手椅存设在房间里、厢屋中，其尺寸小些，式样和装饰相对太师椅要简单些。

扶手椅是清式椅子的代表作，制作年代应当始于乾嘉之间，广泛盛行在清代后期。扶手椅靠背丰富多样，有夹框独板背、屏板背、三段夹框木雕背、花结背和笔杆背等。扶手也各不相同，有梼格子、卷叶和灵芝等。

扶手椅由于尺寸小巧，整体造型看起来更加灵动和秀美。

梅花图

8. 小姐椅

明式小姐椅似乎是缩小了的靠背椅，这种微型椅子小巧玲珑，十分可爱。明式小姐椅首先具备明式二出头椅和不出头椅的基本要求，通体光素，背板施以浅浮雕图案，同时采用朱砂颜色髹漆，贴上金箔，天然的朱金色彩增添了小姐椅华贵的气韵，使之更加迷人。

清式小姐椅座下一侧有个小抽屉，专门存放金莲小鞋和修脚用具。旧时女子的小脚是隐私，是不能让人看见的，金莲小鞋也成了隐私，所以藏在小姐椅座面下。清式小姐椅椅背、牙板和牙角雕刻丰富、装饰绚丽，浓艳的朱砂红闪烁着华贵的金色，为传统女性的生活营造了喜庆吉祥的气氛，也是传统女性内房生活宁静而平和的体现。

椅背板开光木雕　狮子图

小姐椅是小姐在闺房或婚后女子在婚房里洗脚的专座，它让人联想江南纤纤女子在内房的情景。同时，也似乎能联想到古代女子婀娜的身姿和体态。小姐早已作古，小姐椅却依然如故。

靠背椅椅背板开光木雕　仙翁图

9. 交椅和其他椅子

交椅分大交椅和小交椅二种，大交椅座面以上部分是圈椅的式样，座下由前后两组椅腿相交，折叠成四腿并拢的收放椅子，方便郊游时在马背上携带，也有人认为是元代蒙古人入主中原时带来的椅子品种。小交椅前腿往后变成带托泥的后腿，后腿直通椅柱与前腿相交成了前腿，座面或棕或藤，轻巧玲珑，便于携至前庭后院。

钱柜椅、梯子椅、躺椅、马桶椅和儿童椅是根据功能命名的椅子，虽然同是坐具，由于功能的专属性，自然式样也是不同的。

钱柜椅有箱柜般的形体，用厚重的木板制作，如同现在的保险柜。

梯子椅向前翻倒就成了四格楼梯，设计巧妙，也是家里一举二用的好帮手。

躺椅是居家休闲时的躺具，也是江南夏日消暑的良具，是椅似床，是明清椅子中的特例。

马桶椅座面可以往后翻开，座下放马桶，使马桶隐藏在椅子座面下，既实用，也在视觉上避免了不雅。

儿童椅种类很丰富，多为或方或圆桶的形状，有用竹制成笼子的样子，也有高椅的式样，还有背在肩上的背椅。

儿童椅在保障儿童的安全的前提下，设计各异，使儿时的记忆定格在小小椅子中。

江南明清椅子
图例和评注

靠背椅椅背板木雕　人物

靠背椅椅背板木雕　人物

明式靠背椅椅背板
开光木雕·双龙宝鼎寿纹图

明式靠背椅

靠背椅主要存设在书房和内房中，是主人日常生活中必备的椅子，一般放在南窗之下，民间也称其为窗下椅。书房和内房即使有客人，也是亲朋好友，更不会长时间地坐用，无须摆排场，故靠背椅座面尺寸小，以简单实用为主。

存世的靠背椅可分明式和清式二类。

明式靠背椅常见后腿上段的立柱和搭脑采用圆柱料，四腿采用前圆后方的截面料。踏脚档前低，两侧高，是为了避免榫眼打在同一位置上，也是为了美观，同时寓意"步步高"。

明式靠背椅后腿上伸的背柱挺拔，搭脑往上起凸，体现了椅子的威仪，椅背板素面不饰，利用木纹机理呈现背板的天然之好，即使有雕刻，也以团花、草龙和翔鹤等简约图案装饰。明式靠背椅背板以"S"形弧度呈现，能适应使用者腰背的弧度，使人感到舒适。搭脑处向内有凹弧，可以稳稳地把脑袋搭在椅子搭脑上。

明式靠背椅素雅、简约和清秀，是明式家具典型的代表作之一。

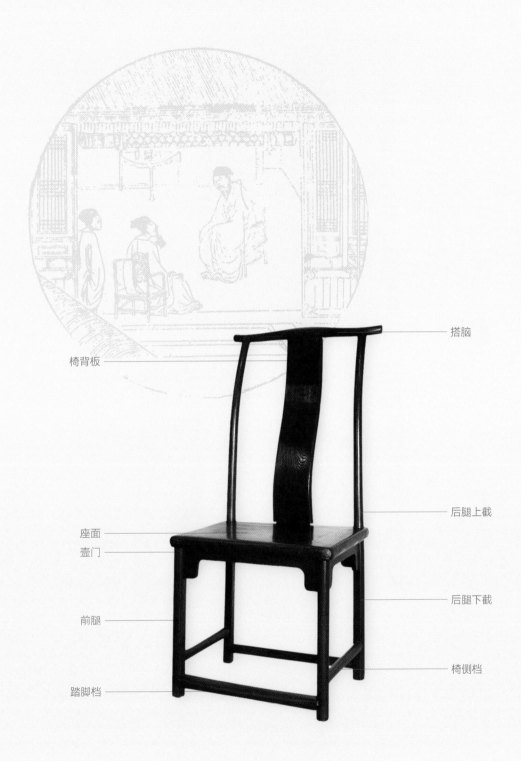

椅背板 ——

搭脑

后腿上截

座面 ——
壸门 ——

后腿下截

前腿 ——

椅侧档

踏脚档 ——

明式靠背椅构件名称

二出头靠背椅 明式｜榉木｜49cm×114cm

　　在黄花梨材料进入江南地区之前，榉木是江南地区最优质的家具用料，与楠木并称为"国木"。这件明式榉木椅子的造型、结构、线脚和装饰均与这一时期的黄花梨椅子相同，应出自同一批工匠之手。因为最优秀的工匠也无法保证当时稀有的黄花梨、紫檀的用料需求，榉木和其他产于江南的优质木料便成了工匠谋生使用的基本原料。

二出头靠背椅　明式｜榉木｜50cm×108cm

　　搭脑两边出头，犹如挑灯灯杆的椅子，有"灯挂椅"之称，江南人则叫它"二出头椅"。

　　流畅的搭脑，柔美的椅背线条，光素的座下牙板牙头，行云流水般的榉木纹理，这一切构成了这把靠背椅素雅、高贵的品性。只有宁静的心才能读懂它的祥和，也只有内涵深沉的椅子才能经受人们长时间的欣赏。

二出头靠背椅　明式｜榉木｜48cm×108cm

　　这把靠背椅搭脑中间高、两头低，如同强弯的金属，让人感觉硬气，也带来了阳刚之气。而椅背板柔和的曲线加一团龙纹，阴柔之气油然而生。一阳一阴，互相结合，有着不一般的艺术效果。

二出头靠背椅　明式｜榉木｜47cm×95cm

　　二出头靠背椅，制作年代应在清中期，四腿、搭脑和踏脚档均为方料，座下牙板起阳线。独板背上雕饰草龙一对，首尾相接，稚拙可爱。

二出头靠背椅　明式｜榉木｜50cm×109cm

　　椅背开光浮雕草龙和草凤,造型古朴。座面已有残损,却是纯正的野山白藤。壶门素净,直板,光素牙头,踏脚档下可见平整的牙角,是一件典型的明式椅子。

靠背椅 明式 ｜ 榉木 ｜ 52cm × 108cm

　　搭脑与后腿上柱由四十五度对角组成，是明式向清式椅子过渡时期的做法。椅背刻昂首龙纹，单把椅子似显孤单，椅子制作时肯定是两把成对，这样便成和谐的双龙了。座下设罗锅枨，两条矮老档，一朵莲花结子。莲花多子，即祈求连生贵子。

二出头靠背椅　明式｜榉木｜ 48cm×95cm

　　经历了康熙盛世之后，瓷器开始从古朴敦实的造型转向清秀隽永的风格，家具也紧跟大时代的变化而开始创新。

　　这把出头椅虽系明式，但已经开始有了前束腰，雕刻不再是对称的图案，而是生动的人物，已经有了清式椅子的气息。

二出头靠背椅 明式｜楠木｜49cm×106cm

　　乾隆晚期，椅子处于明式向清式过渡的时期。搭脑出头处卷成优美的云纹，是明式椅子打破前款的创新样式。座下粗大的草龙已失去了当年含蓄耐看的神韵，椅背开始出现人物图案。尽管如此，椅子依然保留着明式靠背椅的骨架和意蕴。

二出头靠背椅 明式｜榉木｜50cm×95m

　　搭脑横梁弯曲自如，阴柔中显阳刚，显示了椅子的品性。椅背浮雕写意莲花纹，古朴典雅。榉木色泽深红，是优质的明代红榉木。

朱漆靠背椅　明式｜朱漆｜48cm×102cm

　　20世纪70年代初，在宁波余姚河姆渡遗址中发现了一件红色漆碗，据专家考证，这是由朱砂涂染的器具，距今已有六千多年的历史。这种朱砂工艺流行在浙东宁波绍兴一带，世代相传。

　　明式朱红椅子传世不多，这款靠背椅朱色渐退，古朴雅美。椅背雕一农夫，座下镂雕一对草龙。两侧复式踏脚档，使椅子更加结实。

靠背椅 明式 | 榉木 | 49cm × 105cm

　　椅梁直角与后腿上柱平榫相接，是明式椅子典型的榫接方法。座下镂雕草龙和如意纹，一根罗锅枨增加了椅子的强度。此椅最大的特点是椅背纹饰，开光处的宝鼎状"寿"字，笔画由两条卷草云龙组成，苍劲古朴，寓意丰富，是明式椅中的孤例。

朱漆二出头靠背椅　明式｜朱漆｜ 47cm×98cm

　　明式朱漆椅子有几个共同的特点：一是朱色已褪色，二是两侧踏脚档是复档，三是靠背开光雕刻人物或龙纹，开光内沿起阳线并带委角。这些特征说明在同一地域、同一年代，椅子的制作有着相同的工艺手法和审美意趣。

朱漆靠背椅　明式｜朱漆｜47cm×103cm

　　椅背浮雕双龙戏珠图，与座下双龙呼应。龙是封建社会皇帝专用的神物，象征皇权，民间只能用变形、夸张、抽象的手法来表现，因此草龙作为装饰图案在明式家具中普遍存在。明式椅子椅背上的龙纹已成为明式椅子的标志性图符。

二出头靠背椅　明式｜楠木｜51cm×101cm

　　靠背椅搭脑出头，椅背浅雕一对草龙，上下呼应，显示了和谐的气氛。椅子踏脚档上单侧磨损较多，不知是何原因。

靠背椅 明式 | 楠木 | 48cm×96cm

　　搭脑中间高，两边低，线条流畅的椅背浅浮雕精美的双龙戏珠图，方寸之间洋溢着祥和的气氛。座下有数条精细的卷云阳线和一条透雕。明式椅子要么不雕饰，要么局部精工细作，起到画龙点睛、悦人眼目的效果。

梳背椅 明式｜楠木｜ 45cm×90cm

　　这对梳背椅由楠木制作，色质细腻，小巧朴实，从椅脚、椅背的形态看，应是清中晚期作品，但梳背椅始于清初，成熟于清中期，故此椅尚有乾隆遗风，依然耐看。

梳背椅 明式｜榉木｜ 47cm×97cm

　　梳背式靠背椅，因椅背似梳子而得名，也因椅背如笔杆而又称笔杆椅。一根简单的圆料，上部直径渐小并且微微后弯，增加了制作的难度：要把握弧度和距离，又要保持均匀和正圆。明式家具把复杂的手工隐含在看似简单的结构和线条中。

靠背椅 明式｜榉木｜ 48cm×94cm

　　榉木靠背椅，素而不饰，倒更见榉木纹理和木料质感之美，自然中见古朴，是传统文人追求天趣雅美的实例。

靠背椅椅背板木雕　人物

靠背椅椅背板木雕　人物

清式靠背椅椅背板
开光木雕·仙人神兽图

清式靠背椅

清式靠背椅在明式靠背椅的基础上变化形成，椅子座面下的框档从明式的前半圆改成了方料，椅背板分成了三段式施雕，座面下出现了束腰、雕刻的壶门和垂带，椅柱和搭脑接角内增加了角花等。总之，从明式靠背椅到清式靠背椅是由简而繁，多了些精美的雕刻，却少了些清雅，损失了许多宁静和简约。

清式靠背椅常见有屏背板，屏板上镶嵌大理石，或镂空雕成瓶、叶等图案，是清式家具中特有的装饰。屏背椅只出现于清式椅子，而且是苏作家具，京作、广作都没有这种样式。

清式靠背椅可见搭脑上下前后弯曲，做工虽然繁难，但能把椅背板往后推开，不使后椅柱与背板在同一个平面上，使搭脑有适合脑袋枕靠的弧度，视觉上也有变化，使椅背更具立体感。

清式靠背椅中的笔杆椅虽然与明式笔杆椅在基本形式上相同，但清式笔杆上端一改明式笔杆椅微微后弯的方式，成了直挺挺的硬杆，有的还在杆子中间嵌入雕刻的结子。

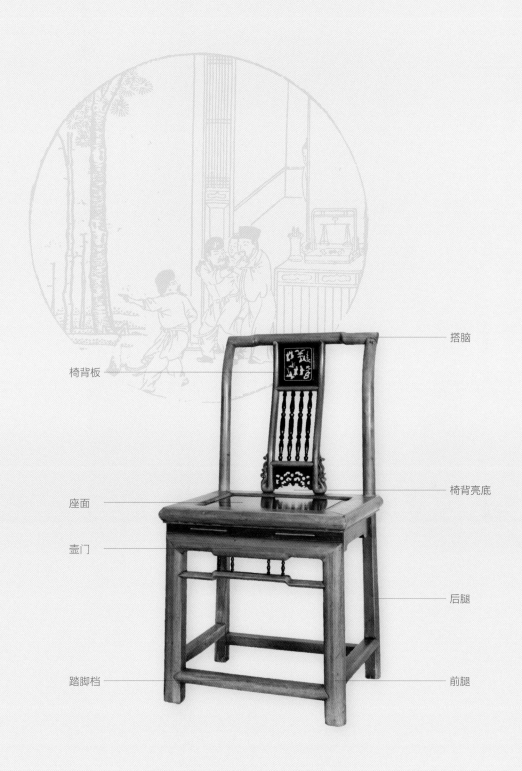

搭脑

椅背板

椅背亮底

座面

壶门

后腿

踏脚档

前腿

清式靠背椅构件名称

屏椅 清式｜红木｜46cm×106cm

　　屏椅椅背内框镶板对角起边，中间镶云石，"石起阴阳"，有山水图案，题"寒岭霜醉"，款吴中伯元，知是苏式木作，屏托为双面起线刻透雕龙纹，座呈八字形，线条简约明快，是典型的清中期苏州制作的椅子。

屏椅 清式｜红木｜ 46cm × 106cm

　　屏椅椅背起凸圆线开光镶云石，图题"晓云苍嶂"，极具水墨意境。屏椅既有椅子应有的功能，又有陈设的作用，屏风和椅子结合，巧妙地把两种书房常见的家具融为一体。

屏椅 清式│红木│ 46cm×106cm

　　屏椅椅背开光蝙蝠捧日图案，回钩纹镶角替代台屏的托角，座下束腰，壶门有一圈阳线，使椅子有精细的视觉效果。

屏椅　清式｜红木｜ 48cm × 108cm

　　屏椅是因椅背独板如同台屏而命名。椅背框线丰富，阴阳相间，开光线条也有多层，这种圆线条和弯线条并非机械所为，是人工雕刻而成，故耗工很大。又因这线条常见于古代砚台中，也称"砚台槽"。椅子屏板四角四朵牡丹花，中间刻博古图案，两侧小半扶手，一木刻制，座面、束腰、溜臀和踏脚档中间内凹，呈小八字，使椅子曲折而有动感。从椅背和扶手看，椅子使用时并不舒服，摆设大于功能。

靠背椅　清式｜楠木｜49cm×99cm

　　在椅背上雕刻骏马并不多见。这把椅子,椅背浮雕,刀法简练流畅,有题款,如同一幅水墨画,又如一件木雕屏风,把靠背椅艺术化到了极点。可以想象,假若有八把八骏椅,必会把整个中堂渲染得如同艺术殿堂。可惜只有一把,另外几把应该存世,希望能寻觅到它们,八骏椅若能集齐,将是收藏界之逸事。

靠背椅 清式｜梓木｜ 48cm × 102cm

靠背椅椅背板上段刻福寿图案，中段刻神仙，神仙立于云头，侧首微妙地笑，双手动作奇幻可爱，表达了神界仙子超凡的神态。

靠背椅 清式 | 楠木、梓木 | 46cm × 102cm

　　靠背椅一套现存四把，搭脑椅背框板、座面和壸门用楠木制作，四腿、侧档、踏脚档则用梓木。值得一提的是椅背板中间刻文士骑马图，浅地起凸阳刻，人物在马背之上，长须善目似高士雅客，人马合一，神情相合，既有准确的透视，又见如中国画般的工笔，带写意的韵味。木雕运力精练，刀法纯熟流畅，体现了工匠高超的雕法技艺和概括能力，椅子因为装饰的精湛而不失为一套清式靠背椅的代表作。

靠背椅 清式│楠木│ 46cm × 102cm

　　靠背椅四面束腰，座下阳线构图，一线空灵，壶门两侧一对草龙，相呼相应。值得一提的是椅背上的浅地浮雕，图案为二位神仙骑异兽，神兽妖娆柔美，表现了工匠高超的木雕技艺，为椅子增添了亮点。

靠背椅 清式｜楠木｜ 47cm×100cm

　　靠背椅简单的结构促使人们把装饰重点集中在靠背上，椅背上三隔堂犹如连座的屏风，极尽工巧，是木雕技艺运用在家具上的典范。

　　背板雕仕女图，人物面如润玉，神情喜悦，刀法精湛，不失为一件良器。

朱漆靠背椅 清式 | 朱漆 | 47cm×96cm

因为是方腿，故定为清式，事实上是明式向清式过渡期的式样。椅子造型端庄稳重，搭脑与后腿上截相交处，一对牙角相互呼应。椅背浅浮雕酒仙童子图，座下雕两枝花卉。前踏脚档磨损严重，证明制作年代的久远。

朱漆靠背椅　清式｜朱漆｜46cm×97cm

　　座下出现束腰是明式椅子向清式椅子过渡期间呈现的特征之一。靠背后腿穿过抹头，很难实现当时认为的美的束腰，所以只做前束腰。腰下可见一条浅雕瓜果藤蔓，使椅子的乡土之气顿生。

靠背椅 清式｜榉木、红木｜50cm×92cm

此椅的创意在靠背，榉木框、红木板，两旁用弯角
夔龙栲格组合，如左右空灵的屏风，简洁敦实。椅背分
三段式，中间素而不饰；上段嵌牛骨，一楼、二人、数
山林，如汉代画像石刻，古朴生动；椅背下段镂刻如意纹。

靠背椅 清式｜红木｜51cm×99cm

靠背椅主要是书房内的陈设，已没有了厅堂椅子的
交际功能，相对扶手椅来讲坐时行动比较自由，可以三
面转换方向。

这把靠背椅的制作功夫主要在红木板的椅背上。椅
背分三段隔堂式装饰，中间素而不饰，上段红木板上刻
剔地阳线，构成云蝠图案，其雕工之精细，称得上木雕
中的杰作。

清式椅子不再使用圆料，方腿、方档成了唯一的选择。

靠背椅 清式 | 楠木 | 45cm×95cm

　　椅背刻教子人物图，漆地，贴金，开光处有一圈阳线，下垂一处绳结，如同挂在椅背上的
一个荷包。搭脑与后腿上截相交处是一对牙角，素而不雕。座下四面束腰，腰下雕饰剔地阳纹，
运用这种木雕法要把底子铲平，留下流畅的阳纹，工艺非常复杂。一个工匠是否优秀，看底子
是否铲平便可明了，这是雕刻工匠做学徒时锤炼的基本功夫。

竹梳背椅　清式｜竹子｜46cm×93cm

　　竹椅模仿木椅制作，又有明显的竹子特有的结构。竹子内空，用榫卯连接时空对空，依靠仅有的薄边相接，也有的连接时空心的竹子内填入杉木榫，使转弯或结合处更牢固。实心的竹钉是竹椅制作的重要连接锁。竹椅座下和脚踏下的横档在同一平面上一竹相连，用"圆包圆"的方式替代榫卯结构，使竹椅更具自然之美。竹椅坐垫下一条细竹凸弯形成壶门，既增加了椅子强度，又使椅子有了生气，十分巧妙。

靠背椅 清式｜柏木｜50cm×98cm

    柏木是江南最坚硬的木料，经数百年才能成材，用料不易。柏木色微黄，近肌肤，温润柔和，是制作家具的良材。靠背椅背刻高士图，高士迎风飘逸，道骨仙风。数寸之间，以刀代笔，刀法行如流云，如此刻工，非文人匠师莫属。

靠背椅 清式｜楠木｜49cm×95cm

　　椅子后背设一屏风，屏板上阴刻锦鸡菊花，施以黛色，形成一幅雅致的刻画。屏板上方和左右分别镶嵌几个结子，使椅背回归空灵之美。搭脑双向回合构成椅子内收形态，有内"合"之意念。

　　座下束腰、臀帮前档细刻数朵云纹，使椅子增添了几分秀美。

靠背椅 清式｜樟木｜51cm×100cm

　　靠背椅椅背上饰一宝瓶，瓶中祥云悠然飘出形成搭脑，构思巧妙。两侧榫卯夔龙纹直接后腿上段，古意顿生。左右两个小结子使椅子显得轻巧而秀气。椅子座下设一朵花结子使上下风格呼应，从整椅风格上看应是清晚期作品。

靠背椅 清式｜梓木｜50cm×98cm

　　靠背两侧用夔龙大栲格制作。后腿没有穿过抹头与靠背侧料一木连做，仿佛是在一张大方凳上安上靠背。这种做法从力学角度来说强度明显不足，只是注重椅子造型的美观。但这种独特的设计，产生了富有个性的艺术效果。

靠背椅 清式 | 梓木 | 49cm×96cm

　　宁波一带的清式靠背椅和太师椅一样，靠背和扶手常采用建筑中门窗格子的形式，和江南建筑风格保持一致，这也证明了建筑中的小木作即制作门窗格子与制作家具采用的是同一匠作、同一师承的技艺。

　　整个靠背和座下牙板都由内角、外角俱圆的一根藤栲条构成，这样的椅子极为少见，是清式靠背椅中的特例。

靠背椅　清式｜楠木｜50cm×99cm

靠背椅搭脑后倾，椅背呈三层台阶，流畅的象鼻纹紧夹椅背板，座下木雕结子精细而且空灵。值得一提的是椅背上阴刻文字，描述的是女性人体和风花雪月之事。

靠背椅　清式｜柏木｜50cm × 108cm

　　浙江东南沿海的台州地区常见柏木家具，柏木硬度高，不易虫蛀，故坚固耐用。

　　这对靠背椅卷首、低肩，后腿上段嵌一立柱，落座面另加一山字形榫卯构件，椅背板上分三段阳刻，上段刻诗文，中段刻类似瓦当文的古文字，亮脚上刻一组神秘的阳纹图案，也不知是何寓意。

靠背椅 清式 ︱ 楠木 ︱ 42cm × 108cm

　　看似椅子素而不饰，但亦有雕饰，匠师突出了榫卯结合处的圆料包圆料的做法，俗称"包竹做""圆包圆"，模仿的是竹家具做法，是清中晚期出现的一种榫卯工艺。

靠背椅 清式｜楠木｜47cm×97cm

靠背椅搭脑呈八字抱虚状，椅背呈"S"流线型，椅后腿上端微往后弯，三种不同的变形使椅子具有柔和优美的形态，搭脑两头的透雕角花，呼应壶门两头的空灵角花而且恰到好处，椅背板开光处浅雕一对男女相亲相爱的模样，女子脚下一犬回首欢望，增加了情趣。

整板静中见动，不张不扬，如宁静的淑女模样。

彩色靠背椅 清式│楠木│ 43cm×98cm

这把椅子最让人注目的是四腿和踏脚档，仿竹制作，并漆深绿色，几乎可以乱真。

朱漆靠背椅　清式 ｜ 楠木 ｜ 46cm×105cm

　　靠背椅的椅背由黑地描金装饰，搭脑和椅背二侧由榫卯攒接成屏风式样，虚实相间，既空灵又让人感到结实可靠。

靠背椅　清式｜榉木｜ 49cm × 102cm

　　椅子搭脑上下前后弯曲，做工上很繁难，但视觉上有变化。椅背中间光素，上下两段细刻阳线图案，精致而高古。

靠背椅 清式｜朱漆｜46cm×96cm

　　靠背椅施朱漆，椅子的木雕装饰，从搭脑两端溜肩处夹角内的角花开始到椅背至壶门和踏脚下的角花，由上而下一气呵成，形成了华美的木雕装饰体系，使椅子瑰丽中见清骨。

　　特别是椅背开光处的木雕题材，书生模样的男子，手拉着小姐的衣袖，而小姐神情既喜亦羞，表达了男欢女爱的情节，而栏外尚有另一书生在背后用手指着两人，使画面更加富有情调。

官帽椅椅背板木雕　人物

官帽椅椅背板木雕　人物

明式官帽椅椅背板开光
木雕·双龙寿纹图

明式官帽椅

官帽椅以其造型酷似古代官员的官帽而得名。

明式官帽椅是以简约流畅的内侧起凸阳纹线条著称。虽然它的椅面和四腿等下部结构都是以直线为主，但是上部椅背、搭脑、扶手乃至竖枨、鹅脖都充满了灵动的气息，如流水流淌，视觉上饱满端庄。

明式官帽椅有出头和不出头之分，不出头的官帽椅被称为南官帽椅，是因为它在南方使用得比较多。

明式南官帽椅是江南地区常见的椅子式样，在装饰手法上比较容易发挥，可以采用多种形式装饰椅背及扶手，用材可方可圆、可曲可直。南官帽椅的特点是在椅背立柱和搭脑相接处做出软圆角，由立柱作榫头、横梁作卯眼的做法。椅背使用一整板做成"S"形，"S"形椅背多采用边框镶板做法，或镂雕透孔的如意云纹，或浮雕一组简单花卉图案。

明式官帽椅背上雕刻的图案和座下壶门上的卷草和草龙等图案，有明式木雕图案的特征，这也是区别官帽椅是明式还是清式的方法之一。

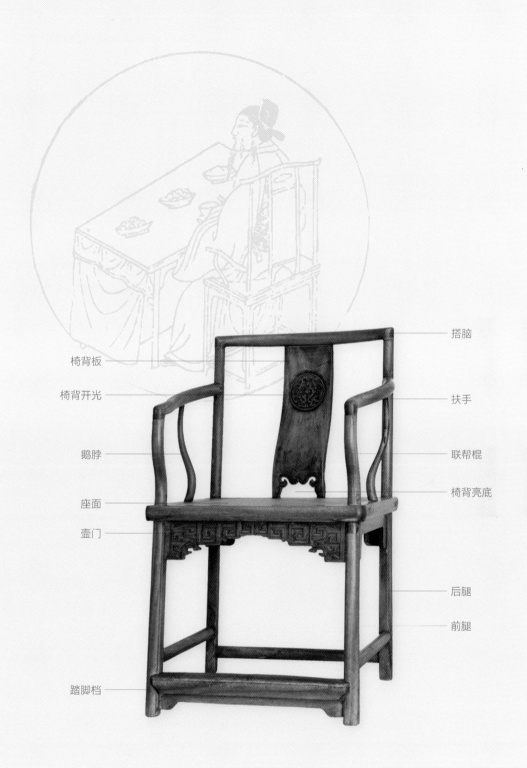

椅背板 ——

椅背开光 ——

鹅脖 ——

座面 ——

壶门 ——

踏脚档 ——

—— 搭脑

—— 扶手

—— 联帮棍

—— 椅背亮底

—— 后腿

—— 前腿

明式官帽椅构件名称

官帽椅　明式｜梓木｜56cm×100cm

　　搭脑和扶手略呈弧度，显得含而不露，意气深藏。椅背虽是独板，但仿框架结构，浮雕聚宝盆，下部一点亮脚。镶把棒雕方形宝瓶，鹅脖和前腿一木相连。座下镂雕卷草龙纹，券口牙子做成壶门形，正中一束卷草，极其流畅。椅子完好无损，是明式扶手椅中秀雅的典型。

官帽椅　明式｜榉木｜55cm×109cm

　　明式高背榉木圆腿官帽椅存世不多，其结构、造型、尺寸、纹饰均与同时代同类的黄花梨椅子一致，就连宝瓶状镶把棒也几乎相同。

　　椅背以榉木特有的宝塔纹装饰，充分显示了木质本身的美。壸门形券口牙子，阳线到座下相交成卷草纹，简洁自然朴素，是一件典型的明式椅子。

官帽椅 明式｜楠木｜55cm×95cm

　　椅子由楠木制作，髹黑漆，椅背刻龙凤福字图案，椅背板后朱书"乾隆壬辰年"款，为第115页具有类似特征"明式官帽椅"的制作年代提供了佐证。

朱漆官帽椅　明式｜朱漆｜54cm×98cm

　　江南的官帽椅大多不出头，与北方的四出头官帽椅形成南北不同风格，所以又称南官帽椅。

　　这把椅子虽是书房常见的南官帽椅的式样，但尺寸小、高度低，应属内房小姐椅的用途。椅背独板，简约雅美。鹅脖与前腿一木连做，增加了椅子的强度。四腿上收下放，呈梯形，造型上更显俊秀和稳健，是一件难得的明式朱漆椅子。

官帽椅 明式｜楠木｜54cm×94cm

　　楠木质地如同人的肌肤，温润可亲。椅背开光，雕圆弧草龙纹，座下则皆为方角龙纹，一圆一方，刚柔相济。

　　江南明式楠木官帽椅传世并不多见，其朴素典雅的品性代表了明式家具辉煌的成就。

官帽椅 明式｜榉木｜57cm×113cm

　　人有人品，物有物性，椅子也有人格化的品性，有大气、雅气（或称文气、秀气）、俗气和生气之分。大气的椅子如太师椅，厚重、庄严，成排陈设，彰显厅堂大气之风；雅气的椅子如书房中的梳背椅，文秀典雅，透露出书卷气息；俗气的椅子则如清晚期制作的繁雕缛饰的椅子。

　　明式官帽椅，既有大气之风，又有大雅品格，是椅子中的珍品。

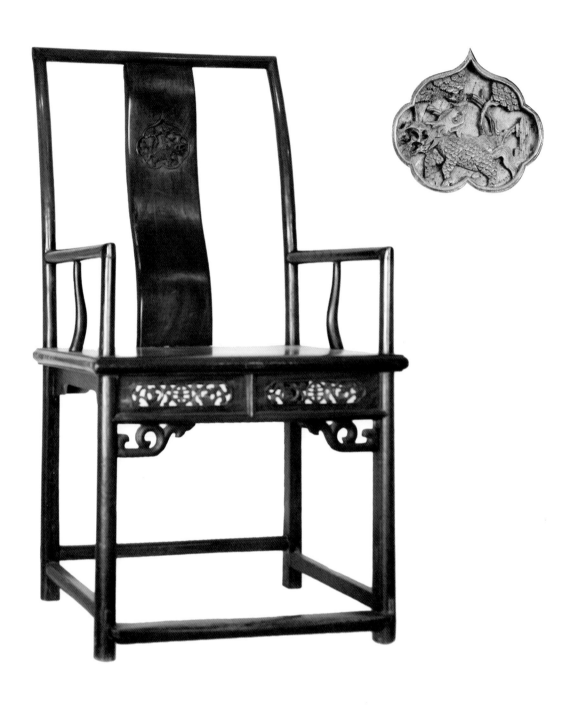

官帽椅　明式｜榉木｜58cm×110cm

　　明式圆腿官帽椅，纤细的用料，让人感受到儒雅文人清秀的气质。一木连做的宽厚椅背形成了椅子中心，椅背上开光雕回望的神兽，表现了人类和大自然和谐相处的美好意境。

官帽椅 明式｜楠木｜56cm×90cm

　　顺和的搭脑，确定了椅子文静的气韵。椅背明明是独板，却故意模仿框架结构分三段装饰，上段阳刻龙纹"寿"字。中间平素，下段镂雕如意纹。扶手下鹅脖和镰把棒微微呈"S"形弯曲，平静中透着柔和。座下镂雕双龙戏珠纹，使椅子显得空灵、轻巧。券口光素，表现了明式椅子雅美的特征。

官帽椅 明式｜楠木｜49cm×73cm

    黑漆为底，藤面为座，朱金开光，寿桃丰硕。座下透雕卷草龙纹，朱底金草，与椅背所刻寿桃相呼应。下加罗锅枨一条，使椅子更加坚实牢固，搭脑和扶手弧度很大，充满张力，视觉上更显饱满。

朱漆官帽椅　明式｜楠木｜52cm×95cm

　　椅背一圈开光，雕寿纹，这是明式扶手椅的常见做法，用回纹巧妙地勾成扶手且只做一半，却是同时代同类椅子中的孤例。这是一把女子专用的内房椅子。传统女性是不能将整个身体坐于椅子上的，也不能双手扶椅而坐，即使有扶手也是虚设，于是便有人设计了这扶手缩进了的椅子。

乾隆辛未無恙軒藏

官帽椅　明式｜榉木｜54cm×90cm

　　椅背后有朱漆"乾隆辛未年渠置"款，证明椅子已有两百六十多年历史，也印证了乾隆早期江南依然流行明式家具风格。独板椅背所刻二字，请教数位学者，均未得到解读，应该是主人家堂、房或斋名。

　　这是一件难得的纪年椅子，为明清家具的断代研究提供了可靠的依据。

官帽椅 明式 ｜ 楠木 ｜ 54cm×95cm

　　楠木黑漆，椅背朱金雕饰一兽一木，为大自然生态景物。座面棕底藤面，编织着优美图案，流传至今完整无缺已十分难得。座下牙板似乎很不协调，查看痕迹并非近年配置，倘是后配，也是数十年前的修复结果。

官帽椅　明式｜楠木｜52cm×81cm

　　明清两代都有官帽椅，风格不同，区别主要在背板的处理上。明式官帽椅的背板以素板为主，即使雕刻也作局部施雕，以点胜面。

　　素黑的椅子背板上一团朱底，金色的草龙与黑漆形成强烈对比。

朱漆官帽椅　明式｜朱漆｜48cm×78cm

　　官帽椅搭脑、扶手和四脚用圆料、半圆料制作，椅背开光饰教子图，座下透雕一对卷尾龙纹，龙首相对平视，方角圆背，颇是精致。

　　这种稍低于普通官帽椅的朱漆椅子多为内房专属或女性专属，故其雕刻常见教子图。

官帽椅　明式｜楠木｜57cm×99cm

　　官帽椅椅背后弯，使椅子重心后倾，扶手特别伸出，使椅子更平稳，在视觉上有变化，椅背后倾在功能上是为了使坐的人的腰背贴伏而舒服。座下壶门线条大方而且阳线精细，整椅以圆料为主，结构严谨而且榫卯结实，通体髹黑漆，完整无损，是一件难得的楠木黑漆明式官帽椅。

官帽椅 明式｜楠木｜54cm×96cm

官帽椅，楠木制作，髹黑漆，藤面。椅子凡档皆由圆料组成，即便是椅面框档，也是呈半圆形。椅子背板上刻草龙寿纹，亮底也是寿纹，座下也是双龙寿纹贴金饰面，有着一致的装饰题材，强调同一主题。

椅子壶门饱满，线条流畅。整椅稳重不失清丽，装饰繁素得体，综合来看应是典型的清初制作的明式椅子。

官帽椅 明式 | 楠木 | 53cm × 85cm

官帽椅,黑漆,椅背板开光刻文士待棋图,座下壶门上透雕如意,两侧设二档,结合其他特征,比对有年款的明式椅子,应为乾隆晚期的作品。

官帽椅　明式｜黑漆｜58cm×86cm

　　一对官帽椅髹黑漆，从搭脑到侧档都用圆料或半圆料，显得简约轻巧，椅背板刻朱金木雕人物，画面层次丰富，内房中红烛高照，床席分明，一对才子佳人，神情怡然，含蓄可爱。可惜壶门牙板已失，不知原样如何。

玫瑰椅 明式 | 黄花梨 | 58cm×69cm

　　玫瑰椅以壶门的形状构建椅背，空灵而脱俗，牙板流走的阳线在直挺的搭脑下，线条柔和若水，一组阳线由下而上，两边分开形成浅刻的卷草蔓枝纹。座下壶门素而不饰，微微下垂的线条柔和可人，一条细细阳线胜于任何装饰，构成了简约明快之美。

玫瑰椅　明式｜黄花梨｜58cm×69cm

椅背由整块黄花梨透雕而成，左右三对大小不等的卷尾草龙，分别象征爷、儿、孙三代，寓意子孙不断。中间开光宝鼎寿纹图案，构图主次分明，丰富而生动。座下壸门牙板上一组昂首龙纹，也是古形古态，简约的刀法中可见龙的神情。明式家具一般以简约线条取胜，繁简结合事实上也是明式椅子常见的风格和特征。

玫瑰椅 明式 | 黄花梨 | 58cm×69cm

　　玫瑰椅后背和扶手四角以溜肩委角收口，方形中见阴委之线，背虚但牙板相抱，抱虚而设，虚中见实，这种虚实变化的艺术处理在当代国画大师潘天寿先生的国画山石中得到了很好体现，中国艺术的精神之一便是在阴阳虚实中变幻出可意会而不可言传的意念之美。

官帽椅椅背板木雕　人物

官帽椅椅背板木雕　人物

清式官帽椅椅背板开
光木雕·吉祥人物图

清式官帽椅

清式官帽椅形体上与明式官帽椅差不多，但实质性的变化有几点。首先是清式官帽椅的座面上端的立柱、搭脑、扶手以及座下四腿和踏脚档都采用了断截面是方形的木料。其次是椅子的背板多数采用了三段式或四段式夹框的形式。椅背板雕刻丰富，有人物、花鸟和其他吉祥图案。再是座面下壶门上出现束腰，腰下档浅地浮雕。或增加了重复档，之间饰木雕结子。或壶门三围采用透雕等。清式江南地区的官帽椅运用木雕装饰的手法形式丰富，是北方地区不曾出现过的现象，山西地区到清代晚期仍然在制作明式官帽椅。

清式官帽椅的靠背板与座面多呈直角关系，人只能正襟端坐，有利于养成良好坐姿。良好坐姿有益于精气神的凝聚和注意力的集中，丹田里充满氧气，能使呼吸通畅，使浮躁的心情平静下来，更好地体现人的精神风貌与内在气质。

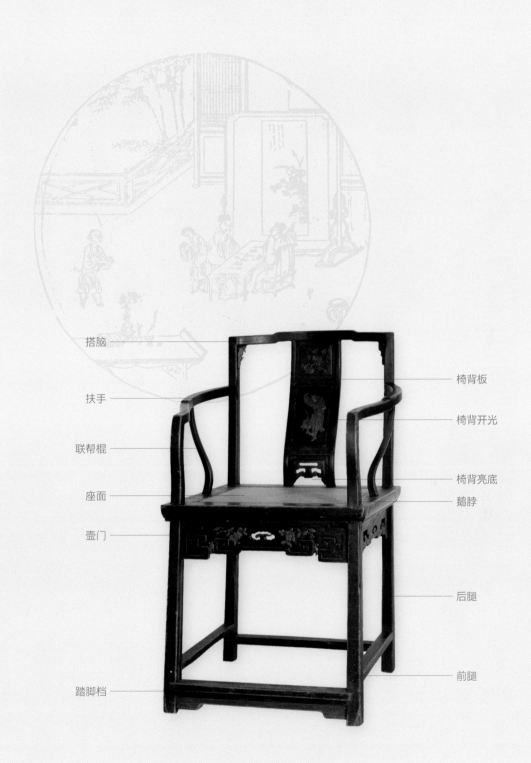

搭脑

扶手

联帮棍

座面

壸门

踏脚档

椅背板

椅背开光

椅背亮底

鹅脖

后腿

前腿

清式官帽椅构件名称

官帽椅 清式｜红木｜62cm×115cm

官帽椅搭脑和椅背独木制作，用料十分罕见，搭脑呈书卷状，故民间称之为"书卷背"。椅背阳刻一对交首龙纹，方角，内勾细阳线，古朴典雅。扶手下分别是一组透雕龙纹，溜臀正面还有一对交首龙纹，壶门由一条阳线直通踏脚档，落脚由回钩纹收口。整椅动静结合，纹饰高朴典雅，用料珍贵而且不惜工本，是清初椅子中的佳作。

官帽椅 清式｜楠木｜55cm×98cm

　　江南官帽椅装饰手法较丰富，用材有圆有方，有曲有直，方料官帽椅椅背立柱与搭脑横梁交接处做成四十五度夹角榫；圆料官帽椅椅背立柱与横梁交接处做成平压榫，平压在立柱上，形成软圆角。这把官帽椅横梁和立柱便是夹角榫做法，用牙角加固。

　　"S"形的椅背深浮雕《三国演义》人物，座下镂雕花卉，券口浅浮雕对角蝴蝶和云纹。同一把椅子运用了深雕、浅刻和镂空雕三种不同的雕刻手法。

官帽椅 清式｜楠木｜54cm×99cm

　　椅子髹蜂蜜色漆，漆面有细开纹，说明年代久远。座下刻一对草龙，飞舞灵动，中间饰鼎形寿纹。椅背是独板，却模仿榫卯攒合，上段雕刻人物，朱底贴金，上镶嵌翠绿色琉璃。琉璃是古代炼丹时发现的晶体，状似美玉，备受古人喜好，当年价格也不便宜。

官帽椅 清式｜楠木｜52cm×96cm

搭脑中间高，两侧低，扶手弯曲幅度大，呈"S"形，背板开光处刻老道图，着朱裤金衣，手握拂尘，青金石粉底，色彩浓艳，使椅子显得华丽富贵。

椅背上的朱金雕板，颜色皆来自大自然中名贵的矿物，因此千百年不变其色。

官帽椅 清式 | 樟木 | 54cm×98cm

　　方腿，座面独板。搭脑和扶手为变体方料，不管如何弯曲变化，始终体现对称，使椅子于变化中显工整稳健。搭脑与后腿上截相交处安角牙。椅背分四段浅雕装饰，上两段都是人物，座下镂刻花卉。券口牙子一圈浅浮雕，这种装饰手法也属孤例。

官帽椅　清式｜楠木｜54cm×98cm

　　乾隆一朝，海内清明，四方进贡，八方来朝，对外文化交流十分活跃。椅子用方料制作，
棱角清楚，椅背上刻八蛮进宝，记录了盛世的骄傲。

　　该椅子产出时应有四把，各刻四幅八蛮进宝图，可惜经过乱世，其余几把散失离落。

官帽椅　清式｜榉木｜53cm×96cm

　　圆腿和方腿最大的区别在于前者秀俊、流畅，后者庄严、稳定、结实，这两种不同的风格也是区别清式椅子和明式椅子的基本界限。方腿官帽椅往往利用镂雕的牙板装饰和空灵的券口牙条使整椅显得轻巧而不呆板。

　　椅背为一木连做，亮底透雕一蝠，与座下券口牙板中间展翅的蝙蝠呼应。整椅依然是明式风格，但装饰上已经开始变得繁复，应定为乾嘉之间的作品。

官帽椅　清式｜楠木｜55cm×95cm

　　说到雕刻，总会谈及"乾隆工"，乾隆工代表了雕刻艺术的高峰，无论石刻、木雕或其他手工艺。尤其是它的精细，乾隆一朝的技艺前所未有，后来不及。这把椅子适逢其时，刻工之精，可见一斑。椅背上的人物图，刀法流畅准确，人物一动一静，神情默契。"吉庆如意"是椅背板人物图案的寓意。

官帽椅 清式 | 楠木 | 55cm×89cm

官帽椅髹深褚色漆，背宽座低，背板上段浮雕一蝠，中段开光浅雕高古一宝鼎，香烟徐升，似有动感。一点浮雕使整板灵动，由点胜面，也是艺术的表现手法之一。

官帽椅　清式｜榉木｜55cm×97cm

　　该椅最大的特点在于券口上的雕刻，回钩纹、如意纹交织组合，层层递进，宛转回还，形成一个美妙绝伦的券口轮廓。随形而转的阳线，更使图案增添了一份精致。民间写意的纹饰常常说不清道不明，传递的却是同样的信息——吉祥如意。

官帽椅 清式│楠木│ 55cm×96cm

　　方腿和圆腿最大的区别在于前者秀俊、流畅、朴实，后者庄严、稳定、结实，两种不同的风格是区别明式椅子和清式椅子基本的标准。方腿朱漆官帽椅利用镂雕的座下装饰和空灵的壶门牙条使整椅显得轻巧而不呆板。

　　椅背刻二老一对，线条流畅，刀法利落，有道骨仙风之形态，背琴依棋。朱素背板卜饰一束卷草黛底金线，细致而圆润。此椅实为一对，另一把雕刻的应是书、画，可惜已不知去向，如有读者知道其"配偶"，倘能重新配对，则为椅之大幸也。

官帽椅　清式│楠木│53cm×98cm

　　官帽椅通体髹黑漆，靠背扶手抱虚而设，形态饱满而充实且有弹性，椅背板开光浮雕人物图。人物造型得体，比例准确，神情一致，衣饰鞋帽线条简约，刀脚干净。椅面座下透雕卷草如意纹，壶门上透雕展翅蝙蝠，和椅背亮底上的蝙蝠呼应。踏脚档单边磨损很多，不知何因。

官帽椅　清式｜楠木｜54cm×93cm

　　这品官帽椅既有明式遗韵，又有清式风范，其做工十分严谨，一丝不苟，无论线条、转角、雕刻，都显示了工匠的完美追求。所有转弯处均是半圆委角，这在视觉上给人以轻柔温润的感觉。两侧带雕刻的镰把棒打破了素净的布局，显得灵活。椅背中段留素而上段精刻山水，下段镂空。束腰下浅雕卷云纹，一蝶居中，生动可爱。

官帽椅 清式｜榉木｜ 54cm×99cm

　　这是一把造型独特的椅子，每一根直线和曲线构成的面都互相呼应，形成恰到好处的空间，稳重中有变化，严谨中显空灵。中国艺术善于把简和繁、动和静统一起来，椅子巧妙地运用了这些看似矛盾的元素，用简练的艺术语言把外在与内涵的美发挥得淋漓尽致。

官帽椅 清式｜楠木｜55cm×109cm

　　扶手椅的搭脑做书卷状，中段开光刻人物，为"八蛮进宝图"，上段和下段阳刻线条图案，抽象而含蓄，难确定具体图例。

　　椅面楠木独板，平直如初，座下榫卯连成壶门，两腿之间，壶门当中，刻一石榴果实，象征生育，寓意多子多孙。

圈椅椅背板木雕　人物

圈椅椅背板木雕　人物

圈椅椅背板开光
木雕·教子图

圈椅

　　圈椅因为椅子的圈背连着扶手，从高到低一圈而下而得名。圈椅的扶手与搭背形成柔和的圆形，与方形的圈椅座面形成方圆相对的构建，使整椅有阴阳相济、刚柔相合的视觉效果，构筑了完美的艺术想象空间。圈椅造型圆婉优美，体态丰满劲健。坐时可使人的臂膀都倚着圆形的扶手，使用时感到身心舒适。圈椅一般是文房中主人写字画画或书房会客时使用的文椅。

　　圈椅椅背板符合人体后背体形曲线形状，科学地考虑了使用时的舒适性和人坐在圈椅上的威仪。

　　圈椅椅圈由三段弧形木料拼接而成，椅圈的弧度决定了圈椅的大小，椅圈的做工是否柔和顺畅也决定了圈椅的品位，秀美的圈椅是明清家具中经典的富有个性的代表作。

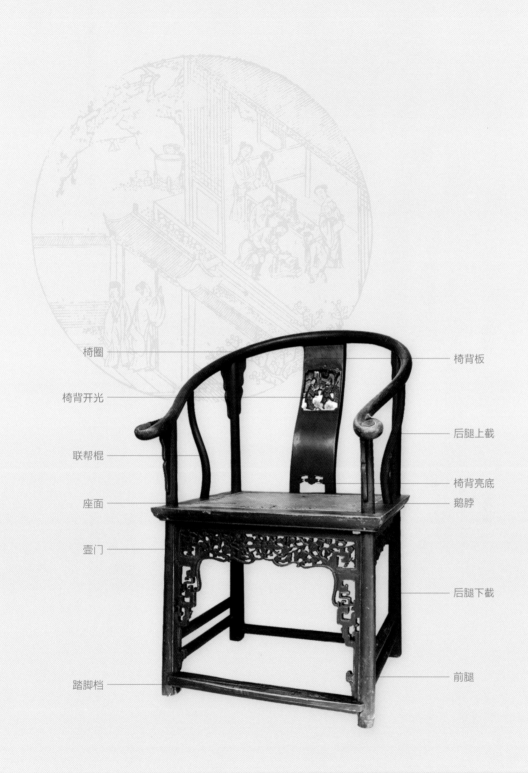

椅圈 ——————

椅背开光 ——————

联帮棍 ——————

座面 ——————

壶门 ——————

踏脚档 ——————

—————— 椅背板

—————— 后腿上截

—————— 椅背亮底

—————— 鹅脖

—————— 后腿下截

—————— 前腿

圈椅构件名称

圈椅 明式｜黄花梨｜62cm×103cm

圈椅椅圈起浪线而成圈，使椅子富有韵律，椅背板浅雕双龙交尾形图案，是被一些学者认定为"宝刹纹"的图案，这种由龙纹生发的图案在明式建筑门窗木雕的顶板和裙板装饰中常见。

圈椅框档静雅，造型简约朴素，充分考虑了椅子以人为本的出发点，同时使椅子本身成为极具雕塑感的艺术品，这也是经典的明式椅子共有的品性。

圈椅 明式 | 黄花梨 | 58cm×99cm

　　圈椅椅圈线条饱满，气度落落大方，椅背素面直线，微微后弯，充满弹力，开光起凸阳纹透雕，委角和满，亮底阳线镶边。写意如意纹，细致精巧，联帮棍弹弯如弓弦，和椅背相呼相应。座下壶门线条平静怡人，两腿正中如蒂凹凸，美妙如梦。整椅色质沉静古朴，为一件大美圈椅。

圈椅 明式 | 鸡翅木 | 60cm × 102cm

　　圈椅椅圈由上而下线条流畅而且似有弯节，从而产生节奏感，阴柔中见阳刚之气。椅圈因时间久远而有风化质感，手触时有高低起毛的痕迹，使人感到历史的厚重感。

　　椅子形态大气中见优雅，在形态中隐藏着美的气度，流露了明式家具的韵味。有时候欣赏一件椅子，虽然无法说出具体形态，但我们可以感受到椅子美的韵味，这便是明式家具神奇的美。

圈椅　明式 | 榉木 | 60cm × 98cm

　　榉木圈椅从视觉上看古味扑面而来，这种古朴之美是古典家具鉴赏的重要内容之一。一件二百多年前制作的椅子依然成为今人坐具，使今人能享受古人的美好创造，让人穿越时空，想象古人制作椅子的过程和当时主人家族更替的如梦往事，其意、其乐虽因人而异，但都能使观者从中感悟今生。

圈椅 明式｜榉木｜56cm×99cm

　　整椅施黑漆，端庄稳重，椅背为一木连做，上端雕人物，中段光素不饰，下端亮脚处透雕龙纹，与座下龙纹风格一致。镰把棒车木制成宝瓶状，座面白藤编织，座下三面壶门式券口，是一件典型的而且保存完好的精美的明式圈椅。

圈椅 明式｜榉木｜56cm×93cm

　　圈椅椅圈充满弹性，椅背板榉木纹理丰富并且清晰，椅背开光起委角阳线，简约的图案中一个人物和一只小犬相互对视，座下壶门透雕卷尾龙纹，线条流畅。壶门正中一对石榴果实成熟欲滴，寓意子孙延绵不断。整椅榉木选料精良，做工考究，是清早期榉木椅子的典型作品。

圈椅 明式｜榉木｜57cm×97cm

清式圈椅和明式圈椅的不同主要有二：一是明式圈椅用料细巧，清式圈椅用料厚重，明式圈椅用圆料或半圆料，清式圈椅用方料或用不规整的圆料；二是明式圈椅或不雕或局部施雕，体现的是古朴、典雅、隽永、平静之美，而清式圈椅极尽装饰，椅背、牙板、牙条、束腰无所不雕，体现了富丽华美的格调。

这是一件明式圈椅向清式圈椅过渡时期的作品，但整体上依然有明式圈椅的架势。

圈椅 明式｜柏木｜54cm×99cm

这把圈椅尺寸较大，应该称为大圈椅。扶手下雕饰狮子、草龙，而 "S" 形鹅脖则是一对高古苍劲的竹根。整椅在视觉上显得非常夸张，甚至椅背上的人物也威武勇猛。

圈椅 明式 | 榉木 | 60cm×97cm

　　圈椅椅圈流畅，椅背见窄，椅背板虽是独板，但雕成三段，起凸阳面，雕仿框档结构，壶门上透雕缠枝花果纹，甚是繁闹，素圈繁门，形成对比，既有明式形体，又有清式装饰，这件椅子有清代中期作品的特征。

圈椅 明式｜楠木｜57cm×102cm

　　一般认为明式圈椅应该是素而不雕，或局部施雕。但是，在江南地区，圈椅用圆料或半圆料，椅圈均匀而俊长，造型依然具有明式圈椅的风韵。尽管牙板牙角施雕复杂，但椅子主体依然未失明式圈椅的意气，和清式圈椅作比较，感觉上则大相径庭，应该把这类椅子归类到明式圈椅当中去。

　　事实证明在清中早期，明式家具仍是主要的家具式样。从这件圈椅中我们可以看出，椅圈流畅，四角呈半圆状，椅面规整，座下透雕对称，椅背上浮雕人物构图简约。圈椅应是明式椅子，但已见向清式过渡的气息。

圈椅 明式｜柏木｜57cm×100cm

    椅圈收口处作夸张处理，弯曲幅度大。椅背浅浮雕仙人仙鹤。最大的特点是座下牙板、角牙构成的券口极尽奢华，两条古朴生动的草龙，中间饰暗八仙中的葫芦和拐杖。可以推知，椅子原是四把一套，组成完整的暗八仙装饰。

圈椅 明式｜楠木｜57cm×97cm

　　一般认为，明式圈椅应该素而不雕，但是当椅腿是圆料或半圆料，椅圈流畅而修长，还是应该定为明式。尽管牙板、牙角施雕复杂，但依然没有失去明式圈椅的意蕴。

圈椅　明式｜楠木｜55cm×99cm

　　圈椅椅圈流畅，扶手呈卷叶包珠，极具风韵，藤面轻而细，使椅子没有厚重感，座下壶门透雕缠枝花果，空灵而且轻巧。把支撑人体的坐具做得如此精美，也是人类文明史上的重要成果之一。

圈椅 明式｜楠木｜55cm×97cm

　　圈椅用黑漆，圈档精巧，线条柔软圆润。虽然椅背雕饰丰富，座下牙板镂雕复杂，但仍没有失去明式圈椅雅美大气之风。

圈椅 清式｜楠木｜ 56cm×99cm

流畅的椅圈至扶手出头处收口成一颗宝珠，刚好可以在手掌中轻轻抚摸，恰如掌上之玩。

最具特色的是，后腿上柱突然往前弯曲成"S"形，直接齐作常规的镰把棒，替代后腿卜搓椅圈的是一只倒挂的梅花鹿，鹅脖也由一对雕刻的小狮组成，把圈椅装饰成一件富有动感的雕塑。

圈椅　清式｜楠木｜53cm×80cm

　　这件椅子通高 80 厘米，座高 53 厘米，显得特别低。椅子通体髹黑漆，椅圈温和中见力度，刚柔相济。椅背开光浅雕狮图，一树一狮简简单单。座下壶门透雕一对卷尾草龙，打破椅子沉重之感，使椅子轻盈了许多。整椅历经二百多年而无一损伤，证明了当时做工的扎实。

朱漆圈椅　清式｜楠木｜49cm×91cm

　　朱漆是浙东婚嫁器具特有的色漆，表现了嫁妆队伍喜庆吉祥、热烈奔放的婚庆色彩，同时也是内房家具的专用颜色，营造了内房生活温馨的气氛。小圈椅是房内桌前的椅子，没有成对的实例。

　　椅面独板，椅圈流畅温和，两头略转形成龙首，巧妙且生动。

朱漆圈椅　清式│朱漆│55cm×93cm

　　圈椅尺寸小，显得精巧雅致。椅圈饱满，后腿一段雕美鹿一对，鹿脚向前倾，形成优美的联帮棍，扶手下刻鱼化龙木雕一对倒挂回首，椅背板开光浮雕教子图，男孩似在方便，可见小孩生殖器，椅子束腰处透雕枝叶，浮刻连绵不断纹，溜臀处刻蝙蝠蔓枝纹。整椅雕饰华美，朱漆艳丽，富贵之气扑面而来。

朱漆小圈椅　清式 | 朱漆 | 52cm×95cm

　　小圈椅是放在房桌前的椅子。这把朱漆椅子集雕刻、镶嵌、堆塑、彩漆于一体，无论是色彩还是品性，都显示了主人家境的殷实，体现了工匠不惜工本的造物理念。正是这种繁雕缛饰，造就了清式椅子的富丽堂皇。

圈椅　清式｜朱漆｜ 52cm × 86cm

　　清式圈椅和明式圈椅的不同主要有二：一是明式圈椅用圆料或半圆料做椅腿，清式圈椅用方料做椅脚；二是明式圈椅或不雕或局部施雕，体现的是古朴、典雅、隽永、平静之美，而清式圈椅极尽装饰，椅背、牙板、牙条、束腰无所不雕，体现了富丽华美的格调。这是一件典型的清式圈椅。

朱漆圈椅 清式 | 朱漆 | 49cm×90cm

　　独板座面的朱漆圈椅并不多见，座面要求平整不变，需用优质的楠木、榉木或银杏木才能做到。椅背分四段装饰，刻人物、如意、花卉图案，扶手线条流畅，出头收口外一点卷草装饰。镂雕花牙组成券口，空灵而轻巧，是典型的清式圈椅。

朱漆圈椅　清式｜朱漆｜49cm×92cm

　　朱漆圈椅椅背上下两对仿竹根圆弧形木雕边饰，竹节生动。椅背上段透雕蝴蝶，中段开光雕才子图，下面尚分两段，分别透雕菱形和线格亮底，椅板装饰极尽瑰丽，是清式圈椅的代表作。

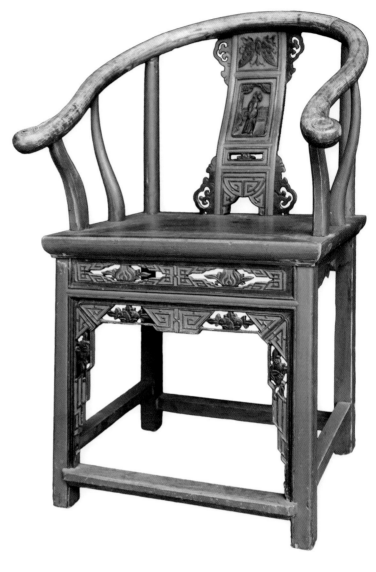

朱漆圈椅　清式｜朱漆｜49cm×90cm

　　圈椅髹朱漆，椅圈和座面由于时间久远而露出木色，椅背分四段装饰，四角透雕竹节纹牙子。
值得一提的是壶门下雕饰起凸阳线，图案丰富，视觉上显得富贵华美。

太师椅椅背板木雕　人物

太师椅椅背板木雕　人物

太师椅椅背板开光
木雕·八蛮进宝图

太师椅

太师椅是清式椅子的代表作，一般成套陈设于厅堂，追求雅致、庄重和威仪，在会客时使用。

太师椅有书卷背搭脑，也有罗锅枨搭脑，但更多的是由榫卯攒斗的栲格搭脑。太师椅椅背一般分三段隔堂装饰，也有四段甚至五段隔堂的，三段最典型，也最协调。一般上段浅雕云纹、如意纹或花卉瓜果；中段是主要的装饰部位，人物、动物、山水景物，无所不雕；下段则镂刻如意纹、蝠纹、云纹，底部镂亮脚透空，使本来厚重、壮实的太师椅在视觉上有一线空灵。

太师椅雕饰题材的丰富也是清式椅子最典型的特征，甚至在椅背的雕刻上添嵌镶、堆塑等装饰，体现了清式椅子华丽的风格。太师椅扶手也是用榫卯攒斗的大栲格子制作，一根弯曲自如的线条组成阴阳相间、刚柔相济的图案，而扶手就在图案上，十分巧妙。太师椅座面抹头下有四面束腰、溜肩，使整个椅子线条分明。

太师椅没有券口、牙板、牙角等装饰，一般在束腰下溜肩处浅刻精细的卷云卷草纹饰，这些阳线勾勒成的图案，如汉代玉雕，精致细腻，与太师椅庄重的造型形成对比，大气中有秀气，丰富了视觉上的美感。

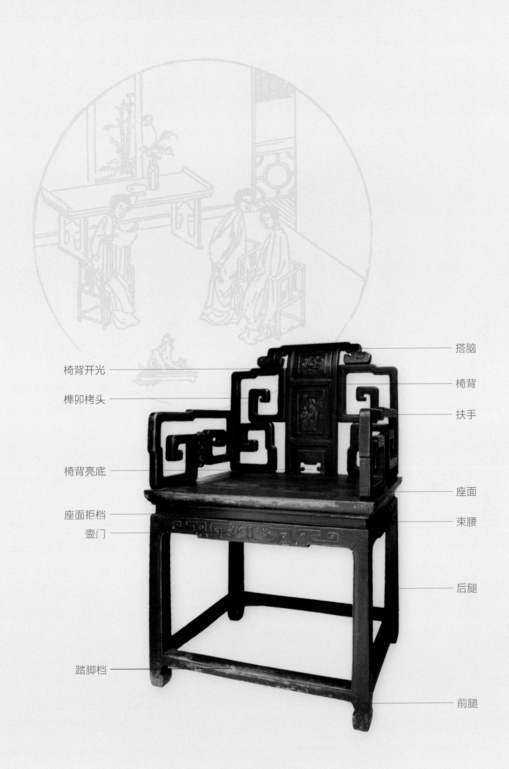

椅背开光

榫卯栲头

椅背亮底

座面拒档

壶门

踏脚档

搭脑

椅背

扶手

座面

束腰

后腿

前腿

太师椅构件名称

太师椅 清式 | 红木 | 66cm × 117cm

　　椅子呈书卷构建，溜肩呈二层委角，椅背板阳刻蝠、磬，寓意福庆，后腿内侧和溜肩档下及扶手内侧镶了一圈回钩纹牙子，精细雅美。

　　座下束腰、溜臀宽厚，四脚粗放，托泥档也是厚重，形成上轻下重、上巧下拙的造型，稳重结实。

灵芝纹太师椅 清式 | 红木 | 66cm × 103cm

　　太师椅的靠背、扶手、四脚等处雕刻灵芝纹装饰，故俗称"灵芝大座"。江南富家大户园林建筑的中堂，常见由案桌、八仙桌、灵芝纹太师椅和茶几等组成的中堂家具。中堂家具体现了主人的威仪和体面，故太师椅用料厚实、面宽体重。灵芝纹太师椅是清式苏作椅子中的代表作。

灵芝纹太师椅　清式｜红木｜61cm×102cm

　　椅背由榫卯栲格，格条雕灵芝纹图案，椅背芯嵌镶云石开光，具有自然的水墨意境。椅座面内收呈八字榫，前脚三弯，使椅子显得苍劲有力、庄重扎实。整椅雕刻线条圆润流畅，是匠师认真施艺和不惜工本打磨的结果。

太师椅　清式｜楠木｜70cm×121cm

　　椅子骨架有大有小，雕刻装饰丰富但主题不明，是一件清末椅子的代表作。通过将这件椅子和明式椅子做比较，可以了解二百年来椅子式样的变化。从这件椅子中可以看到人们对自然美的追求，以人为本的造椅原则已经淡化，椅子成了华美的赏物。每个时代的潮流不同，明式家具时代立足于文人为主流的社会背景，家具式样顺从了文人欣赏和追求的风格。而清末时代，上流社会和富家子弟已经无法理解"理"在家具上的体现，权力和财富掌握在粗俗者手中，社会风尚趋向浮躁华丽的，椅子式样和风格出现了繁复装饰的风尚。

　　这件椅子作为历史的遗存，无论从工艺特点还是椅子风格上看，仍是一件不可多得的清末代表作。

太师椅 清式｜楠木｜60cm×101cm

　　椅子椅背板由四段雕饰，显得繁复，两侧和扶手下由榫卯栲栳，各雕数龙首，龙首两头及榫入卯，使椅背和扶手有一定的强度，背板开光中间浅地刻"八蛮献宝"图案，形象生动。

太师椅 清式 | 楠木 | 60cm×109cm

　　太师椅座上部分由楠木制作，座下由榉木制作。椅背板开光雕八蛮进宝图，木雕构图严谨，刀法高超，人物衣饰无不得体，人物、动物形态逼真而且传神。八蛮进宝题材的椅子，当年出地时应有八把，是中堂主要陈设的家具。

太师椅　清式｜榉木｜62cm×95cm

　　搭脑左右收尾成卷草如意纹，托在大栲格上，两组相对的卷草如意纹攒接成扶手。背板三段式隔堂，却素而不雕，使榉木纹理如行云流水，清晰可辨。工匠不忍在优质，有着美丽木纹的榉木上动刀。

　　太师椅面宽体大，四把成套，完整无损，从造型、结构和皮表成色看，应为清中晚期制作。

嵌骨太师椅　清式｜榉木｜59cm×92cm

　　攒斗格子木条以卷草芽收口，使格子端庄中见灵动。座下束腰，这是攒斗扶手椅常见的做法，束腰下雕饰一只夸张的卷草云纹大蝙蝠。椅背在花梨木板上平嵌八仙人物和梅兰图。花梨木是清中晚期红木资源匮乏的情况下从国外引进的红木替代品，上海人称之为"香红木"。

嵌骨太师椅 清式｜楠木｜61cm×95cm

　　座沿八字形，显得椅子端庄厚实。搭脑两头饰云纹。椅背三段装饰，上段诗文是以花梨木嵌牛骨而成；中段外饰一圈云纹，内用黄杨、牛骨镶嵌人物、燕雀和鱼云；下段镂雕云纹。这些嵌饰工艺纤细精致，整椅称得上是清中晚期的代表作。

嵌骨太师椅　清式｜楠木｜68cm×102cm

　　椅背牛骨平嵌八仙中的二仙。出地应有四把，为一套，中间分别饰梅、兰、菊、竹图。座下一蝠，
展翅而降，意为"福从天降"。太师椅椅背上常取八宝进宝、八仙过海、渔樵耕读、梅兰菊竹等
题材为图饰，一椅一图，一套椅子构成一个完整的故事。

太师椅 清式 | 楠木 | 62cm × 107cm

　　一般藤面的椅子需要以棕绳结棚，然后将手工藤面压在棕棚上面，这样既有抗压的棕棚又有精细优雅的藤面，但其制作工艺复杂。椅背上刻仙人施法图，形象生动，仙人神情古怪。

太师椅 清式｜梓木｜56cm×96cm

　　"千年梓，万年栎"，这句话在江南流行了几百年，老木匠也反复讲述梓木的优点。梓木不怕风雨，江南明代建筑的露明柱大多用梓木制作，数百年不烂。但翻开现有的家具书，却不见梓木的踪影。

　　不知为何，古代把工匠称为"梓人"，是否与梓木有关系？

太师椅 清式｜楠木｜58cm×93cm

　　太师椅搭脑饰如意云纹，椅背板两侧和扶手下有榫卯结构的回钩纹，椅背板分三段雕饰，分别是花草、人物和素面亮底，人物浅浮雕石上有题诗，人物为主仆二人，刀法简约，神态高古。

太师椅 清式｜柞榛木｜ 61cm×97cm

太师椅搭脑两头以象鼻钩收口，椅背三段装饰，上段起阳线回钩纹，中段起凸但不雕琢，下段透雕，沿口起阳线。椅子由柞榛木制作，纹理清晰，如行云流水。

太师椅 清式｜柏木｜58cm×99cm

　　椅子的夔龙栲格总觉得不顺眼，原来是栲格的内角并非带弧度的委角。这种委角民间叫"大挖角"，是小木作中的绝活，既要榫卯，又要委角，榫卯结合后才清刀雕挖，十分费工。清式扶手椅大多是内委角的夔龙做法。

　　椅背背板所刻人物精细，刀法熟练。座面下的一对卷草装饰，使座上的繁复有了呼应。

禅椅　清式｜榉木｜76cm×110cm

　　禅椅存世不多，常见仿制新品，这品禅椅系清式，亦不见资料上有相同类型的作品。禅椅
一般是僧尼盘腿打坐用的椅子，但禅椅并非僧人专用，禅意自古亦文心，居家文士亦喜用禅椅，
以营造禅意雅念。

太师椅 清式｜楠木｜55cm×94cm

　　乾隆时期的椅子有明显的特征：结构严谨，雕刻精细。这把椅子整体结构严谨，比例协调，视觉上和谐完美；四面施雕且精工细作，即使在背后座下也有精细的阳线雕刻。从椅子的品质和漆皮表面以及风格特征看，应属乾隆晚期之作。

太师椅 清式｜榉木｜ 55cm×94cm

靠背两边饰一对夔龙，古人称这种攒斗格子叫夔龙格了。椅背上刻八查进宝图，人物布局严谨，刀法简练，形象生动。束腰下一组卷云宝珠纹，细若针绣，与椅背精致的装饰形成呼应。

高嵌黄杨太师椅　清式｜榉木｜57cm×96cm

　　宁波传统家具有运用黄杨高嵌的工艺特征，是嵌牛骨的姊妹工艺。黄杨高嵌的底板以红木为主，而嵌牛骨大多是以花梨木为底板。嵌镶椅背是作坊式制作，工艺非常精致，原因一是长期制作同一品种，手法已十分熟练，二是作坊之间竞争激烈，迫使人们精益求精。

　　从作坊中买来的嵌板有可能高度不够，只得将椅背分四段制作，中间这段镂刻明显多余，影响了椅子的视觉效果。

太师椅　清式 | 楠木 | 59cm×92cm

　　无论是明式椅子还是清式椅子，宽窄粗细的比例、虚实阴阳的空间、点线面构成的体积感、雕刻的雅俗，都决定了椅子不同的品性。

　　这件椅子上收下放，上下结构稳健有度，视觉效果十分得体。

太师椅　清式｜楠木｜ 59cm × 97cm

椅背两边，一根藤延绵不断，寓意子孙绵延永远，流畅柔软的线条也使这把椅子产生了温和近人的艺术效果。椅背背板刻有来凤献瑞图，寄托了吉祥如意的美好愿望。

椅背板开光八蛮进宝图，线条流畅，形象生动，人物神情鲜活。

太师椅　清式│楠木│ 56cm×92cm

　　楠木质地细腻，如同佳人肌肤，自古以来备受文人雅士青睐，其千年不烂的品质，更是被国人视为木材中的珍宝，因此也必然会请高水准的木匠来打制家具。整椅素雅高贵，雕刻处精致秀丽，体现了清式椅子的艺术成就。

太师椅 清式｜楠木｜ 63cm×95cm

清式太师椅不再像明式椅子那样有纤细的牙条和牙角，这些牙条和牙角往往容易脱落。清式扶手椅壮实厚重的结构使其能经得起岁月的考验。

这把楠木夔龙纹太师椅，庄严中透着清秀和稳健，是清式太师椅中的代表作。

书卷背太师椅　清式｜梓木｜58cm×97cm

　　卷背流畅，雕刻透视准确，人物和动物情深意长，表现了当时优秀的雕刻技艺。整椅完整无损，藤面为原装，编织纹饰高雅，是一件难得的清中晚期的精品。

太师椅 清式 | 榉木 | 62cm × 94cm

清式攒斗太师椅虽然是清中期创新的样式，但作为中堂陈设的主要家具，工艺上已经非常成熟，因为清早期建筑中高古大气的大窗格已经为这种攒斗工艺创立了规范经典的审美理念。当把建筑形制上的小木作技艺移植到椅子上时，新的造型艺术便产生了。

椅背雕陶渊明赏菊图。

书卷背太师椅　清式｜楠木｜62cm×94cm

　　这把椅子，书卷背搭脑突出如山峰。椅背分三段雕刻，中间浅浮雕寿翁仙子图，上下各镂雕绳结蝙蝠。束腰下、溜肩处浅浮雕三只蝙蝠。共五蝠，意为"五福捧寿"。椅背刻神仙麒麟图。

太师椅 清式｜楠木｜60cm×99cm

　　书卷背并非真正的实用靠首，而是一种装饰形式，书卷背使太师椅在视觉上更加稳重坚实。
　　椅背上的浅雕人物，骑狮子，携童子，手握宝瓶，狮与人神态生动，夸张地表现了喜庆吉
祥的气氛和美好愿望。

太师椅 清式│梓木│ 61cm×103cm

　　太师椅由梓木构架，红木背板，黄杨、牛骨嵌镶，楠木做椅背亮底，椅子由五种木材做成，寓意"五树其昌"，是甬式家具中的代表作。椅背板开光分别是太白题诗图和太白醉酒图。

太师椅（一对）　　清式｜楠木｜61cm×99cm

　　太师椅搭脑为书卷式，棕作藤面，座下束腰，臀边浅刻精细回钩纹。椅背上用牛骨高嵌"梅兰"图案，构图有水墨韵味。

嵌骨太师椅　清式│楠木│ 57cm×99cm

　　嵌骨是宁波家具中具有代表性的装饰工艺，从嵌象牙演变而来，牛骨是象牙的替代物。宁波椅子有嵌骨、嵌黄杨木，也有用黄杨木与牛骨套嵌的做法。这些嵌镶椅子大多为红木板、榉木框，或花梨木板、楠木框，而且大多由作坊制作。

太师椅 清式 ｜ 楠木 ｜ 61cm × 108cm

　　楠木清白细腻的质地，使椅子清净而秀丽，楠木色泽犹如亚洲人的肌肤，是古代文人雅士特别钟爱的色质。

　　这品椅子栲格线条素雅，椅背流畅有韵，既庄严又文静。

书卷背太师椅　清式｜楠木｜58cm×93cm

　　因椅背搭脑呈书卷状，故名书卷背太师椅。椅背上端浅浮雕卷珠纹，如汉玉纹饰。椅背两边各有一组如同春雨后初长的藤芽，互相呼应。

书卷背太师椅　清式｜楠木｜60cm×96cm

　　这把椅子，包容了丰富的民俗内涵：卷背上一个巨大的阳刻兽面，显示了主人的威严，同时也是辟邪的图符。椅背刻八蛮进宝图，祈求日进千金，发财致富；两侧和扶手下雕贡璧，贡璧是古时向皇上进而的玉璧。踏脚枨外包铜饰，以防止双脚踏坏椅子，古人对于财富的珍惜可见一斑。

书卷背太师椅　清式｜榉木｜60cm×94cm

　　宁波家具有一个特点,便是喜用多种木料制作一件家具。笔者藏有一床,由榉木、楠木、黄杨、红木、银杏木五种木料制作,寓意"五树其昌"。

　　这把太师椅由红木作板料,榉木为框档,在座下束腰处嵌入两条阳线眉目,使椅子有了生气。

书卷背太师椅 清式｜榉木｜58cm×90cm

　　靠背由后腿内卷形成数朵云纹，简单的结构产生了空灵的效果。卷背下浅刻卷珠纹，使椅子顿生秀气。扶手由大到小内收回钩纹，和座下牙板的风格对应。此椅整体和谐，是一件清中晚期作品。

扶手椅椅背板木雕　人物

扶手椅椅背板木雕　人物

清式扶手椅椅背板开光木
雕·吉祥人物图

扶手椅

扶手椅是有扶手的背靠椅的统称，除了圈椅、交椅外，其余有扶手的椅子也可以都叫扶手椅。值得一提的是太师椅也是有扶手的，却在江南民间被称为太师椅，太师椅陈设在中堂，中堂是全家或建筑的主要客堂，因此椅子要求尺寸大，有气势有体面，但扶手椅存设在房间里、厢屋中，其尺寸小些，式样和装饰相对太师椅要简单些。

扶手椅是清式椅子的代表作，制作年代应当始于乾嘉之间，广泛盛行在清代后期。扶手椅靠背丰富多样，有夹框独板背、屏板背、三段夹框木雕背、花结背和笔杆背等。扶手也各不相同，有栲格子、卷叶和灵芝等。

扶手椅由于尺寸小巧，整体造型看起来更加灵动和秀美。

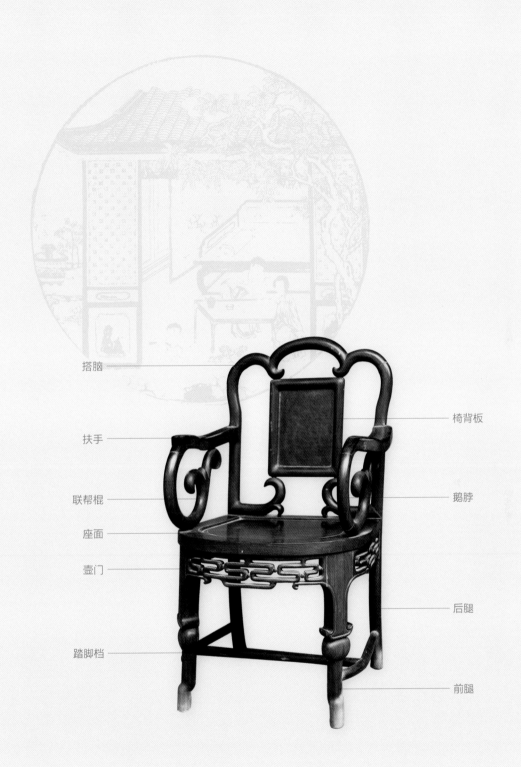

搭脑

扶手

联帮棍

座面

壸门

踏脚档

椅背板

鹅脖

后腿

前腿

扶手椅构件名称

扶手椅 清式 | 红木 | 53cm × 101cm

　　扶手椅靠背呈梯阶，两侧空灵，突出背板上的大理石，使主题明显。尤其是扶手，两头稍微伸出以回钩收口，欲放还收，如藤蔓在春雨中舒展，简约的线条构成了虚幻空间。椅子座下壶门牙板朴实简约，仍有明式遗风。从造型和线条上看，应是苏式家具的代表作。

扶手椅 清式｜红木｜ 60cm×105cm

椅子搭脑内凹，线条起伏，呈二峰状，开光镶云石（已失），扶手梯阶形，座下束腰、溜臀阴刻如意纹，四脚落地也是如意回钩纹，上下呼应。

从整椅的造型看，模仿了广式椅子的式样，但从榫卯结构上看仍是江南地区常见的榫卯结构。

扶手椅 清式 | 榉木 | 56cm×93cm

椅背三段攒框打槽装板。中段浅浮雕折桂执扇人物图，一老者赤脚露臂，欲行又止，神情安详，山石、云草皆有水墨意蕴。优秀的工匠本身便是有高深文化功底的学者。

扶手椅 清式 | 红木 | 58cm×76cm

红木扶手椅搭脑整档连接,背板由整板成屏,扶手为一对由榫卯交接的卷草宝珠,后背平板素屏,扶手空灵流畅,形成对比。座下壶门平素大方,应是清中期作品。

扶手椅 清式｜楠木｜53cm×106cm

　　扶手椅搭脑上是嵌宝石的形状，是西方家具装饰中常见的形式，而椅背上由一木透雕仿真绳结，惟妙惟肖，极具工巧。搭脑宝石图案和绳结图案在视觉上的一实一虚形成强烈对比，使两种不同的表现手法很好地融合在一起，也是东西方文化元素有机结合的椅子实例。

扶手椅 清式｜楠木｜46cm×78cm

　　扶手椅尺寸不大，椅背板三弯三段，中间开光刻教子图。座下束腰溜臀，壶门上线刻回钩纹，精细精羔。值得一提的是扶手由圆包圆榫卯连接，这种圆包圆工艺，内有榫卯，外观模仿竹子连接形状，为手工雕琢而成。

扶手椅 清式｜榉木｜57cm×92cm

　　椅背虽为"S"形，但结构生硬，功能上无法起到护腰的作用，这是为装饰而做椅子，忽视了椅子坐人的基本功能。扶手下车木栅栏不是明式笔杆椅那种一木到底的简洁做法，而是加了横档，显得繁复。但椅子采用厚重的圆料或半圆料框档，使椅子显得浑厚而素净，更突出了红榉纹理的古朴优雅。椅背嵌红木，上隔堂浮雕玉兰花，栩栩如生。

梳背椅　清式｜榉木｜　52cm×82cm

　　利用车木制作家具是家具装饰常见的做法之一。机械车木比之手工制作，更能降低成本，又能使造型上有变化。在当今机械化的时代，总感觉车木过于程式化，但当年却是时尚的象征。该椅搭脑、扶手、座面抹头以及四腿都采用圆料制作，扶手下用细小的车木栅栏。

扶手椅 清式｜红木｜67cm×125cm

　　椅子高背低扶，椅背镶樱木装饰，亮底板为黄杨木制作，樱木板花纹有自然和静之美，黄杨木板如少女肌肤，木纹成为椅子的主要审美亮点之一。椅子扶手下透雕龙纹，座面呈椭圆形，束腰溜臀，踏脚档和侧档平面而设，以弧线形制作，座面和溜臀保持一致的造型结构。

　　椅子踏脚档上压一块竹板为护板，体现了人们对椅子的爱惜。

扶手椅 清式｜楠木｜58cm×92cm

　　江南民间习惯上把于厅堂陈设、宽大厚重的三围榫卯攒接的椅子称作太师椅,而把尺寸较小、构件简单的称作扶手椅。

　　该把椅子两侧由大栲做扶手,而椅背两边净空不饰。椅背嵌红木板,上隔堂雕剔地阳纹,如良渚玉琮。乾隆晚期虽然家具不断创新,但尚古之风依然是文人雅士的追求。

扶手椅 清式｜榉木｜ 55cm×93cm

　　椅背嵌红木板，浮雕蝠、磬图案，寓意"福""庆"。两侧用扶手攒榫拐子纹栲栳格，苍劲有力而又极显空灵。素直券口牙子，内侧起阳线，座下数条如意卷珠纹。整椅简朴端庄，完整无损。

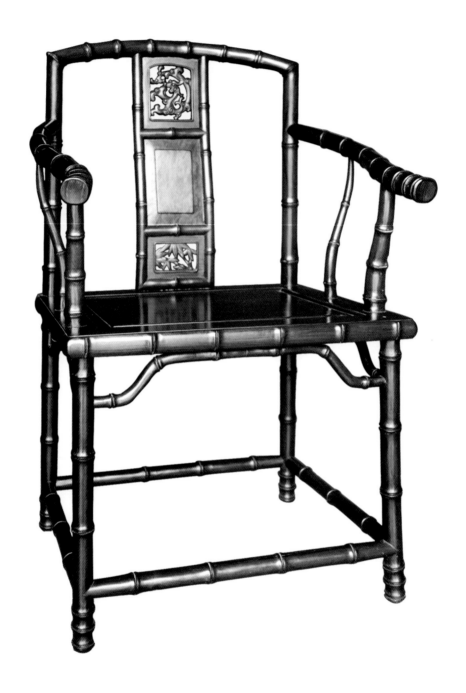

竹节扶手椅　清式｜红木｜62cm×97cm

　　搭脑、椅扶手、抹头、四脚、侧档，凡框档用料皆模仿竹子，有粗有细，竹节有长有短，竹节成了装饰主题。江南地区是竹子的故乡，文人雅士以竹子的品格自勉，竹节椅自然成为文房用椅的选择。

扶手椅 明式 | 黄花梨 | 60cm × 120cm

　　扶手椅后腿直通搭脑，前腿直通扶手，椅背有三根直档，座下一圈栱撑，踏脚档和侧后档形成一圈。从这把椅子中，我们领略了明式家具的简约，这种简约太不简单了，是充满智慧的朴实之美、空灵之美，是匠师对比例结构、虚实关系、上下对应等做艺术处理的结果，代表明式家具流行的时代人们对美的理解。

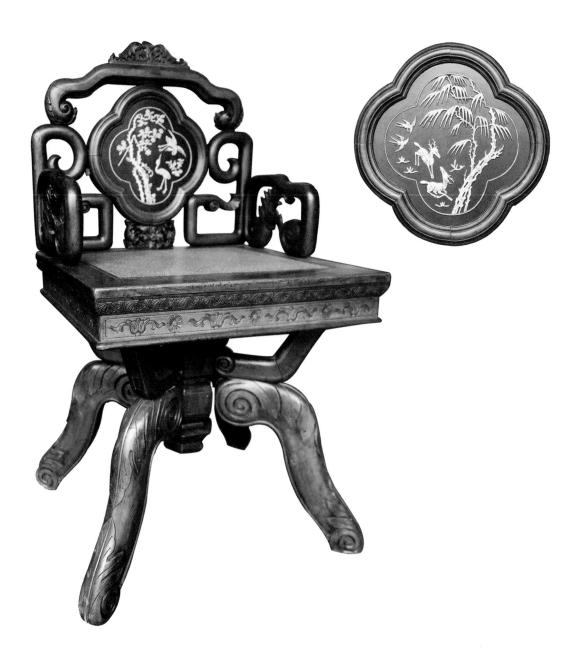

扶手椅　清式｜楠木｜58cm×113cm

　　扶手椅搭脑雕饰西番卷叶图案，椅背柿蒂纹开光，分别以牛骨嵌镶"松鹤""柳鹿"图案，扶手下用榫卯连接成卷叶收尾，座面以白藤编织，座面框档刻浅地洋花。特别是四腿，并非传统的四角落地，而是悬梁般地中间立柱，上设四根霸王撑，四腿也是相呼应的四根霸王撑，腿下截雕饰卷叶纹图案，是一把中西合璧的优秀椅子。

扶手椅 清式 | 楠木 | 52cm × 101cm

　　扶手椅靠背藤条由榫卯拼接而成，搭脑起凸成彩虹状，后背嵌木雕结子，有桂、竹、牡丹、豆节、青菜等植物，有鹿、锦鸡、松鼠等吉祥动物。后腿顶端和扶手顶部分别雕一对宝珠和宝葫芦装饰，扶手内收已没有了功能，虚设成装饰，座下束腰、溜臀中间内凹俗，称八字框，前腿车木档，后腿仿竹做。溜臀和踏脚档分别用回句圈的仿竹工艺，工匠车木技术熟练，雕工细致生动，该椅是扶手椅中的秀美作品。

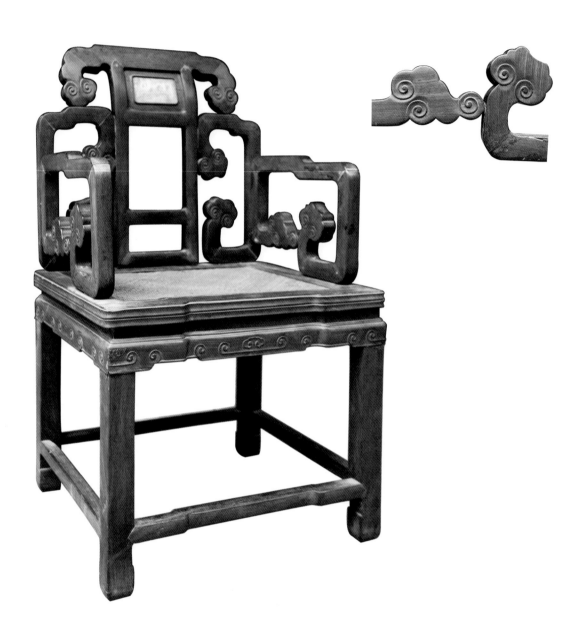

扶手椅 清式｜红木｜66cm×115cm

　　扶手椅搭脑垂肩处以云芝如意纹收口，后背板应是云石，可惜已失。背板左右各用榫卯栲头，和扶手下一样，由四组云芝如意纹构建，值得注意的是云芝如意纹如江南秋雾中的灵芝，弯着头活灵活现，充满动感。椅子白藤座面，从座面、束腰、壶门到踏脚档呈八字形，使椅子有变化之美。

扶手椅　清式｜红木｜63cm×112cm

　　扶手椅整背和扶手透雕灵芝纹，如云如梦般的木雕图案，使椅子玲珑剔透，椅背正中开樱木圆光，如日似月。灵芝纹空灵、繁复，而开光素净不饰，自然朴实，形成对比，建立反差，使视觉上有着不尽相同的艺术效果。

扶手椅 清式 | 红木 | 62cm × 114cm

　　椅子靠背和扶手透雕夔龙图案，如同江南常见的门窗格子，线条行走在阴阳虚实之间，奇妙的构图充满变化，轻巧雅羊的艺术效果扑面而来。座下束腰、溜臀厚重结实，承托雅致的上半身恰到好处，这是清式椅子中的特例，显得十分珍贵。

扶手椅 清末民初│楠木、花梨│ 45cm×87cm

　　椅面呈六角,搭脑上刻蝙蝠,而整条靠背便自然成了蝙蝠的翅膀,构思巧妙。椅背设计成花瓶,瓶身上平嵌牛骨吉祥图案,由上而下分别是:蝙蝠表示"福";蜘蛛表示"喜",因为蜘蛛有大肚子,象征女性怀孕,故寓意有喜;绞绳代表结,是"吉"的意思;龟纹象征长寿;磬寓"庆";鱼寓"余"。大意是"福寿、吉庆、年年有余"。

竹子梳背扶手椅　清末民初丨竹子丨52cm×93cm

　　竹子梳背扶手椅是在竹子靠背椅的基础上增加扶手。竹椅扶手和前腿一竹相连，在扶头上自然转弯，设计简约、朴实、自然。

　　竹椅在未组装前，已将竹子外皮刮去，留下细致的竹子内青，椅子完成几年后竹青渐渐变成咖啡色，越平越深，变得更加古朴，因此竹椅不用上漆和上色。

　　竹椅子材质娇弱，在使用过程中不宜长期保存,故完整的有一定年代的竹椅子显得更加珍贵。

椅子背板木雕　人物

椅子背板木雕　人物

人物图

小姐椅

　　明式小姐椅似乎是缩小了的靠背椅，这种微型椅子小巧玲珑，十分可爱。明式小姐椅首先具备明式二出头椅和不出头椅的基本要求，通体光素，背板施以浅浮雕图案，同时采用朱砂颜色鬃漆，贴上金箔，天然的朱金色彩增添了小姐椅华贵的气韵，使之更加迷人。

　　清式小姐椅座下一侧有个小抽屉，专门存放金莲小鞋和修脚用具。旧时女子的小脚是隐私，是不能让人看见的，金莲小鞋也成了隐私，所以藏在小姐椅座面下。清式小姐椅椅背、牙板和牙角雕刻丰富、装饰绚丽，浓艳的朱砂红闪烁着华贵的金色，为传统女性的生活营造了喜庆吉祥的气氛，也是传统女性内房生活宁静而平和的体现。

　　小姐椅是小姐在闺房或婚后女子在婚房里洗脚的专座，它让人联想江南纤纤女子在内房的情景。同时，也似乎能联想到古代女子婀娜的身姿和体态。小姐早已作古，小姐椅却依然如故。

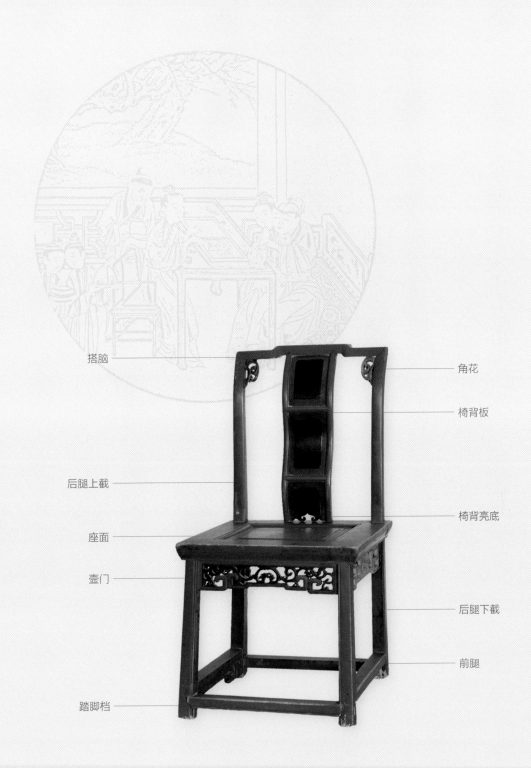

搭脑

角花

椅背板

后腿上截

椅背亮底

座面

壶门

后腿下截

前腿

踏脚档

小姐椅构件名称

朱漆小姐椅 明式｜朱漆｜ 42cm×87cm

　　这把小姐椅是缩小了的明式二出头官帽椅。座下饰透雕花卉，椅背上刻侍女。色彩上朱色华美，体现了女性特有的气质。

朱漆小姐椅　明式｜朱漆｜42cm×86cm

　　椅背刻狮子戏球图，牙板饰卷草如意纹，下面横牛一条罗锅枨，与搭脑相呼应，也使整张椅子有了坚固结实之感。

朱漆小姐椅　明式│朱漆│41cm×78cm

　　小姐椅搭脑两侧上翘,椅背板素,板中开光朱金人物图,座下两腿略微外放,呼应上扬的搭脑,使椅子上下相和。

朱漆小姐椅　清式｜朱漆｜42cm×86cm

　　小姐椅搭脑档分四段曲折，如竹节状，看似简单的做法，却使椅子显得与众不同。椅背板
花篮形开光，内刻教子图，朱金相间，椅面藤编，壶门透雕，繁素结合，使小姐椅华美而不失坚实。

朱漆小姐椅　清式｜朱漆｜40cm×81cm

　　云纹搭脑，是这品小姐椅的主要特征。后腿上柱由三弯回纹收尾，旁边的佛手牙角与简朴的线条显得不协调，椅背分四段，都是被文人批评的清式家具的繁缛。四腿平直而硬朗，和椅背、搭脑形成不一样的风格，然而这种平直和明式家具的简约是完全不同的两种品性。

　　座下一屉，是浙东宁海特有的式样，可以存放洗脚用具。古代大户人家小姐都是小脚，因此也叫小脚椅、洗脚椅。

朱漆小姐椅　明式｜朱漆｜44cm×90cm

　　小姐椅搭脑二出头，出头处微微上扬，后腿上段起圆料，细长中见秀美，椅背板开光浅雕教子图，座下壶门透雕繁复华丽。整椅上素下繁形成对比，有强烈的视觉反差之美。同时也是一件由明式向清式过渡时期的代表作。

朱漆小姐椅　明式｜朱漆｜42cm×86cm

　　因为小姐要坐在椅上洗脚，所以小姐椅一般比普通椅子低十厘米左右。素红椅背上雕秋叶仕女图，仕女回眸而望，矫情可爱。四腿外圆内方。座下正面和两侧牙板镂刻卷草纹，使椅子更显得空灵而轻巧。

朱漆小姐椅　明式｜朱漆｜41cm×85cm

　　椅背和后腿上柱起双股线，打破了这类椅子常规圆料或方料的做法。椅背开光处雕穆桂英挂帅图，这种不爱红装爱武装的教育，在传统社会中十分少见（大多是要求妇女相夫教子）。雕刻布局严谨，人物神态生动，黛底朱色，朱金相间，是木雕中的精品。座下镂刻同心结和石榴果，石榴多籽，寓意多子，这是传统家庭的基本祈求。整椅下放上收，素繁恰当，是朱漆小姐椅中不可多得的实例。

朱漆小姐椅　清式｜朱漆｜42cm×84cm

　　朱漆家具是浙江宁波、绍兴地区特有的内房家具，女子出嫁时要备上成套的朱漆嫁妆，浓艳的红色表现了热烈、喜庆的气氛。朱砂是名贵的天然矿物，当年是一两黄金三两朱砂的价格。用如此昂贵的朱砂涂染椅子，体现了奢华富贵。椅子搭脑两侧各有一角春芽，使椅子富有生命的气息。

朱漆小姐椅　清式｜朱漆｜40cm×81cm

　　小姐椅椅背两角呈如意纹卷角，卷角连接搭脑一木连做，成为雕刻成形的搭脑，这种做法虽然繁工，却有了椅子背中间高、两边低的溜肩造型，使这把椅具有灵动的秀丽气质。

小姐椅　明式│朱漆│ 43cm×79cm

　　椅子搭脑中间高、两侧低，又见二头微翘，使一根搭脑中见灵动，椅面下见束腰，溜肩下椅腿外放，整椅上下呈八字形，视觉上稳定而且坚固。一把好的椅子，如同有品德的君子，与之交往会感觉越来越厚道，越来越耐看，无须花言巧语，任凭岁月洗练，总是养眼明目、悦人心肺。

朱漆小姐椅 清式│朱漆│41cm×85cm

　　小姐椅椅背微微上翘，使椅背充满阳刚之美，椅背轻柔的弧度，成阴柔之气。椅子由圆腿、圆搭脑和圆后背柱组成，与方椅面和方落地形态形成对比。阴阳结合是椅子造型的美好追求。

朱漆小姐椅 清式｜朱漆｜ 41cm×78cm

　　这把小姐椅的特点是椅背的三弯弧度，素而不饰，更加突出和显示了椅背弧线的雅致。 三弯弧度在工艺上不仅仅是背框三弯，连背板也要有弧度，因此制作上需要一番功夫。

朱漆小姐椅 清式｜朱漆｜40cm×79cm

　　椅背分三段。上段浅雕牡丹花，中段雕才子佳人图，下段透雕如意卷草。椅座下牙板透雕
一蝙蝠，意为"福"，可惜两侧和牙角已失落。整把椅子朱色纯真，富丽堂皇，应属清同光年代
的椅子。

朱漆小姐椅 清式│朱漆│ 42cm×89cm

　　清式椅子打破了明式椅子简约、委婉的造型风格，创立了绚丽华美的新的艺术高峰。这把椅子在常见的搭脑上又加上了人物雕刻装饰，两侧对称雕回钩纹，椅背梁架上有镂雕牙子勾连。椅背雕人物、花鸟、云蝠，描金着彩。椅座下一圈透雕束腰，券口也镂雕精致，与椅背搭脑相呼应。通体装饰华贵，洋溢着高贵的气息。该椅当属清代嘉道年间制作的小姐椅中的精品。

朱漆小姐椅 明式｜朱漆｜40cm×88cm

　　整椅朱色老气，涵光蓄色，磨损处木纹清晰，朱漆处断纹隐约，非二百年莫能有此皮表美色。座面下数点云纹，是椅子唯一的点缀。踏脚档已磨损一角，更印证了岁月之久远。

朱漆小姐椅 明式｜朱漆｜41cm×88cm

　　四腿略微外放，挺拔俊美。椅背线条流畅，一对草龙呈"S"纹，相互呼应，十分生动。整把椅子圆润空灵，简约委婉，线条变化富有韵律，洋溢着女性特有的气息。只可惜当时的朱漆褪尽，被好事者重新上色，但仍不失为一把典型而小巧的明式椅子。

朱漆小姐椅 清式｜朱漆｜43cm×91cm

椅子搭脑二出头，两头饰如意云纹，椅背分设三段，壶门下分别有浅浮雕和透雕两层装饰，使椅子华美瑰丽。

朱漆小姐椅 清式｜42cm×89cm

在明清家具椅子中，朱红小姐椅小巧玲珑，色彩艳丽，是传统闺阁女子室内专用的坐具，因此充满神秘的色彩，也就成了明清家具收藏界的宠儿。

朱漆小姐椅 清式 | 朱漆 | 39cm × 76cm

　　清末，上海、宁波被辟为"五口通商"口岸，在外贸经济的影响下，江南沿海地区经济一枝独秀，保持着繁华景象，反映在家具制作上，则出现了中西合璧的造型。这把小姐椅，椅背做成西洋的宝瓶状，雕刻的却是中国民俗图案"吉庆有余"，座下是西洋卷草纹。小姐椅朱色照人，金饰夺目，是中西文化结合的典范。

小姐椅　清末民初｜楠木｜55cm×98cm

　　在靠背式小姐椅上加了扶手，三围由十二根车木直插而成，搭脑刻蝠纹，后背平嵌。在男尊女卑的社会中，传统闺秀坐椅子并非整个屁股坐上椅面，而是只坐椅子的一角，表示对别人的尊重。

小姐椅　清末民初｜楠木｜ 39cm×74cm

　　西式的风格和造型结合中国当地工艺，由中国当地工匠制作的椅子是清末的时尚家具。广东的工匠在广东做的中西结合的家具称广式，上海工匠做的称海派，海派家具由于结合了苏式家具的工艺特点，因此更具传统韵味，更有工艺优势，更精致。

　　这件小姐椅椅面为皮制，椅背车木，小巧雅致，有中西风尚，是海派椅子的一种。

小姐椅　清式｜樟木｜38cm×82cm

　　古代山区对外交流十分困难，民间习俗百里不合，工艺十里不同，山区椅子的制作也与环太湖流域等广大平原地区的极不相似。

　　这是一把来自浙西山区的小姐椅，椅背以卷云纹格子攒接而成，又用木雕结子嵌镶在格子中间，形成丰富而空灵的视觉效果，在存世较多的清中晚期山区椅子中，它应算是上品。

梳背小姐椅　清式｜楠木｜45cm×84cm

　　该椅在明式梳背椅的基础上做了装饰和"美化"，梳背上增加了木雕结子，漆朱贴金，座下牙门上也设非全木结。沉静之美已被浮华掩盖，古朴之气已成为历史，动乱也已经开始，这就是清末的中国社会气象。

黑漆小姐椅　清末民初｜黑漆｜ 42cm×87cm

一件尺寸特别小的太师椅，实际上是按太师椅的样式缩小制作的小姐椅。

当一件作品模仿另一件作品时往往会出现两种情况：一是忽略了其本身的功能和个性，小姐椅自己应有的气质被太师椅所替代；二是缩小了的椅子比例失调，空间不足部分只得重复，造成整体繁乱不协调。

椅子背板木雕　人物

椅子背板木雕　动物

交椅椅背板开光木
雕·八蛮进宝图

交椅和其他椅子

交椅分大交椅和小交椅二种，大交椅座面以上部分是圈椅的式样，座下由前后两组椅腿相交，折叠成四腿并拢的收放椅子，方便郊游时在马背上携带，也有人认为是元代蒙古人入主中原时带来的椅子品种。小交椅前腿往后变成带托泥的后腿，后腿直通椅柱与前腿相交成了前腿，座面或棕或藤，轻巧玲珑，便于携至前庭后院。

钱柜椅、梯子椅、躺椅、马桶椅和儿童椅是根据功能命名的椅子，虽然同是坐具，由于功能的专属性，自然式样也是不同的。

钱柜椅有箱柜般的形体，用厚重的木板制作，如同现在的保险柜。

梯子椅向前翻倒就成了四格楼梯，设计巧妙，也是家里一举二用的好帮手。

躺椅是居家休闲时的躺具，也是江南夏日消暑的良具，是椅似床，是明清椅子中的特例。

马桶椅座面可以往后翻开，座下放马桶，使马桶隐藏在椅子座面下，既实用，也在视觉上避免了不雅。

儿童椅种类很丰富，多为或方或圆桶的形状，有用竹制成笼子的样子，也有高椅的式样，还有背在肩上的背椅。

儿童椅在保障儿童的安全的前提下，设计各异，使儿时的记忆定格在小小椅子中。

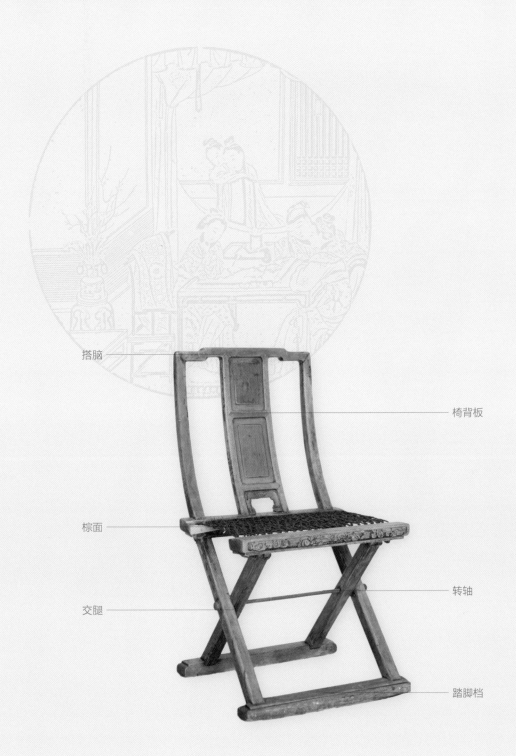

搭脑

椅背板

棕面

转轴

交腿

踏脚档

交椅构件名称

交椅　当代｜黄花梨｜70cm×112cm

　　交椅椅圈和前腿上端相交后呈"S"线且是一条弧线，并先后卷而直转为前腿，如奔放的音符，奏出歌者的满怀豪情。精美而有变化的线条并不影响交椅收放的特殊功能，也没有减弱椅子应有的实用意义，而且使其更具威仪，椅背板透雕的麒麟也是前行后望，呈"S"形曲线，座下的卷草龙纹似有生命般地充满动感，踏脚档下壶门曲线似可灵动行走，交椅扶手如优美的交响乐，大音小声交错成优美动人的乐章。

交椅 清式 | 朱漆 | 63cm×121cm

　　朱漆交椅朱色鲜艳,木质轻便,包铜精致。朱色以天然朱砂为色料,天然生漆调熟桐油为漆底,经数百年不褪色，而且越用越好。

　　这件交椅椅圈粗放,扶手宝珠起凸大气,椅背板上收下放,上中下三段斜纹细致,椅面是牛皮,座下枨档角线静雅,踏脚档下方亦见壸门秀婉流畅。从椅圈的起线和交椅造型看应是清中期的作品。

交椅　清式｜楠木｜44cm × 78cm

　　宋代《清明上河图》中的交椅和清代交椅在形制上没有太大的区别，只是在装饰手法上有所不同。这把交椅尺寸偏小，椅背分三段，上段、中段落堂起堆肚，不施雕饰。座下雕一线缠枝花卉，生气顿起。

朱漆交椅　清式｜朱漆｜ 49cm × 105cm

　　朱漆交椅实不多见，搭脑中间低，两侧高，尽头卷如水波纹。椅背镂雕花卉，瘦长俊秀。座面用棉绳制作。下设一踏脚档，专为野外使用时方便抬高双脚，以免虫蛇侵扰。

钱桶椅 清式｜楠木｜27cm×64cm

钱桶椅用整木挖空而成，靠背也是一木连做，盖子另配一板。钱桶椅在功能上既是座椅，又是钱桶，是商店伙计专用的椅子。

折叠椅 清末民初｜楠木｜42cm×83cm

椅背前翻，椅子后脚朝天，便成了一把梯子折叠椅，其既是家中实用的梯子，又是常见的椅子，故名折叠椅。椅子搭脑和椅背刻西式卷叶，从装饰题材和椅子的结构功能来看是由欧洲传入的式样。但椅子的榫卯结构和框板仍是由传统木作技艺制作，应是传统民间木匠吸收西洋文化后的结果。

圈椅 清式｜花梨木｜ 47cm×91cm

　　1840 年后，上海、宁波成为五口通商的口岸，江南地区不但舶来海外的木料，同时引进了西方的家具，椅子的式样也发生了变化，带有洋风洋味的椅子，成了当时前卫的时尚追求。这把椅子虽是圈椅，但该椅粗壮，背板饰瓶形，笨拙不轻巧，背板上牛骨平嵌刻的刘海戏金蟾图倒精致，值得一提。椅面中间低、两头高，呈一弧度，和椅圈呈呼应状，使整椅有了灵动之感。

西式小姐椅 清末民初 | 楠木 | 42cm × 88cm

　　小姐椅椅背呈扇状，上放下收，中间三根仿竹节直档，秀骨清盈。座面圆形用野生白藤编织而成，座下一圈腰档，结构很简约、轻巧，体现了小姐秀丽的气质。

靠背椅 清式 | 榉木 | 42cm × 83cm

　　靠背椅用榉木制作，椅面由榫卯五拼成圆面，完全为中式传统工艺，椅背连搭脑独板而成，椅腿呈微弧线，由传统的中国工艺结合西式椅子的造型，把两种简约朴素的风格有机地结合在一起，是一件典型的清末海派家具。

摇椅　清末民初｜楠木｜40cm×75cm

　　在一把小姐椅上增加可以摇动的弧形底脚，如弯月
一般的四腿安在椅脚上便成了一把摇椅。摇椅是椅子家
族中最自由的式样，彻底摆脱了椅子的"装模作样"，具
有休闲的功能。美国家具商给这种小摇椅起了一个有趣
的名字，叫"迷你小姐椅"。

折椅　清式｜榉木｜49cm×87cm

　　折椅搭脑由四根弧线横档组成，无椅背，座面框档
榫卯结构连接，交合处由钢箍串成转轴。折椅榉木色泽
纯正，旧味浓厚，从木质和皮表看应有一百多年的历史。

马桶椅 清末民初│楠木│56cm×99cm

　　中国传统家具有京式家具、苏式家具、广式家具和甬式家具四大体系，甬式家具的特点是木材来自舶来的红木、花梨木、楠木，而且会在同一件家具中使用多种木料，寓意"五树其昌"。

　　这件甬式马桶椅，使用楠木为框架，花梨木为正面材料，杉木为侧后板材，镶牛骨和黄杨，具备五种材料。牛骨镶嵌图案古拙可爱，亦甚高古，是典型的甬式家具代表作。

马桶椅 清末｜榉木、红木｜ 72cm×102cm

　　打开椅座面，是存放马桶的空间。马桶是最世俗的生活用具，也只有江南人会把这大俗之物包装成房内必需的椅子，既可坐人又可掩其不雅之外观。

钱柜椅　清式｜榉木｜83cm×86cm

　　钱柜椅，用料厚重、坚固，如果当时装满金属制的钱币，分量不轻。柜事实上替代了保险柜。低矮的独板三屏显得很是古朴，座下束腰还是柜桌的基本结构。钱柜椅在江南民间比较多，但精选优质的榉木精工细作的并不多见。

　　钱柜椅是商行专用的集椅子、钱柜多功能于一体的特殊家具。

钱柜椅　清式 | 榉木 | 82cm × 84cm

　　这是江南民间所用的特殊的椅子，为钱庄、商行藏钱专用。座面是一个可以锁的盖子，盖子上有一个铜饰，铜饰中有一个放得下铜钱的钱眼，经营中每笔进账均可藏入钱柜椅内，待关张后启箱盘方。把钱柜做成坐具，是掌柜保护钱柜的好办法。钱柜椅在江南民间存世较少，用优质榉木精工细作的则更不多见。

竹童椅　清末民初｜竹子｜57cm×77cm

　　竹童椅是小孩专用的椅子，广泛流行于江南地区。竹童椅由空对空的接口形成榫卯连接，主要靠对穿的竹钉钉牢，一竹连做的椅腿不仅使椅子结实而且显得结构巧妙。

　　竹童椅椅座在中层，下层为踏脚，上层大小可以根据孩童体形大小调节推手，设计科学合理。两个竹圈圈是小孩的玩物，是在制作中信手而就的，体现了工匠的聪明才智。

童椅 清式｜木荷树｜ 56cm×49cm

　　童椅是由木条用榫卯连接成格子的长方形空间，里面装座面，底上装踏脚板，上面尾巴般的木档可以平面推拉，以便根据小孩体形大小控制桌面，达到与身体相宜的位置。

　　童椅格子结构严谨，格条结实，虽经百年使用依旧结实如初。

童椅 清末民初｜木荷树｜ 56cm×49cm

　　童椅搭脑如弓，靠背如瓶，前脚上雕两朵荷花，桌板如茶盘，可以推移，并有锁关，可以调节座面。童椅前后空空，两侧由直栅保护，看似简单，但实用而不虚构。

童桶椅　清末民初｜杉木｜78cm×109cm

桶椅是椅子外边加一个木桶,目的是把小孩圈在桶内,使小孩更加安全,同时,桶底可生炭火,使桶椅温暖。

儿童椅 清末民初｜杉木｜48cm×80cm

　　说是椅，是因为桶箱内有椅面，而桶箱是保护儿童的壳体。桶箱分四层，下层开门可以放置炭火，使桶箱内保温，中层是踏脚板，可以拉出，能清理污物，上层才是座面，最上层则是儿童扶手。

童椅　清式｜樟木｜46cm×115cm

　　这是为了让小孩坐得和大人一样高，可以在一张桌子上同时吃饭，专门为小孩打制了童椅。童椅座面比普通椅高许多，并在中间增加踏脚档，如拔高了的太师椅。

童椅　清式｜榉木｜40cm×96cm

　　此童椅仿明式江南官帽椅的形式，脚踏上有一块可拉伸的踏脚板，使儿童在高高的椅子上有依有靠。儿童椅高，可以使儿童能够在正常高度的八仙桌上吃饭，也有利于强调儿童的家庭地位。整椅上收下放，稳重牢固。

童椅 清式 | 榉木 | 54cm×99cm

　　1840年后，五口通商，西风东渐，这款椅子有明显的西方式样风格，但其榫卯结构仍是传统做工。东西文化的结合，使童椅既有西式风格，又有中式工艺。

竹子童椅 清末民初｜毛竹｜40cm×57cm

　　童椅也叫"竹笼"，由小竹所做。竹子分量轻，利于移动，小孩可坐或立，或由大人背行，很实用。

　　竹椅椅圈由一竹连做，四脚和框档由桶竹制成，档面、座面、踏脚面用竹片制成，即便钉销也是用竹钉，甚至两只玩圈圈也用竹子制作，椅子通体是竹。

竹子童椅　清末民初｜毛竹｜34cm×52cm

　　竹子童椅是小孩用的坐具，童椅下段高，为了使小孩不被狗、猪、鸡等动物侵害。上段是椅子形态，此童椅从搭脑到扶手用一竹连做，座面由五根竹片排列而成，椅前桌板上方三个竹圈是小孩的玩具。有趣的是座面和上桌板间两条"V"字形小圆竹，把小孩两脚分开，既能防止小孩前倾，又能使小孩的小便排在外面。

　　整张童椅如关养小孩的笼子，故又名"笼椅"。

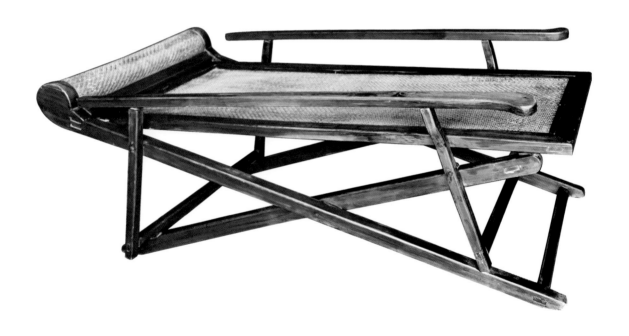

躺椅 清式 | 楠木 | 72cm × 152cm

　　躺椅为木档藤面，搭脑也用野生白藤编织而成。前后四腿十字相交，搭脑、扶手可高低活动，调节后腿与地面所成角度便可改变躺椅坡度，设计合理。

躺椅 清式｜红木｜76cm × 150cm

　　躺椅既有休闲的功能，也是提升居家环境、体现居家安静生活的摆设。这把躺椅是老红木制作，椅背板和座面板独板，纹理清晰细腻。扶手从后腿上段接过，微微弯成两头上翘的扶手，转折成前腿，呈水波纹般地柔和落地，使椅子充满柔和的美感。躺椅看似有广式家具的样式，但榫卯却是江南地区常见的构造，是 1840 年五口通商之后由上海附近的工匠所做，故为海派家具。

　　海派红木家具和广式红木家具同受西式家具影响，但由于海派红木家具吸收了苏州工匠的技艺，在榫卯结构上严谨，在制作要求上严格，而广式家具则利用当地工匠的技艺，在吸收西方式样的同时，也更多采用西式家具的接口，因此相对粗些。

躺椅 清式｜鸡翅木｜74cm×159cm

躺椅又称眠椅，是休闲类的椅子，在古代文士消夏图中常见。这品躺椅分前后两节，可拉伸、收缩。扶手曲折有趣，可扶、可摸、可玩。

躺椅 清式 | 榉木 | 71cm×151cm

此躺椅本架竹而，由于竹子清凉，使其成为江南夏日休闲时用的亦躺亦坐的高雅家具。躺椅前腿和扶手由直线木条构建，而后腿和椅身则用两条相反的圆弧线条形成，简约而有趣味。

西式转椅　清式｜楠木｜ 52cm×89cm

　　该转椅用楠木制作，但式样、工艺以西式做法为主，唯饼盘圆框用插榫五拼而成，应是中式做法，故仍定为国内制作。转椅后背漆书繁体字"邮政"二字，应是邮局专属。1840 年后，上海、宁波都有外国领事，通商通邮已成为沿海重要的经济现象，西方椅子式样成为当时的风尚。该转椅应是清末之物。

后记

综观明清家具研究的相关专著，如王世襄先生的著作《明式家具珍赏》《明式家具研究》，田家青先生的著作《清式家具研究》，以及其他古家具著作，其封面大多是以一把椅子的图片做配图的，这或许也能说明椅子在明清家具中的重要地位。

椅子在家具系统中属于中等尺寸，具有长、宽和高的立体空间，也具有空灵的体积感，视觉上有与人体相对应的等量感。事实上，椅子就是根据人体的结构设计的坐具，从头到脚都是为了照顾人体的舒适度，体现优雅气度，遵从了以人为本的造物原则。

东西方传统椅子在结构上不外乎都是四条椅腿，一块椅面，有靠背扶手，但在美化椅子的细节上，又体现了不同时代、不同地域的不同风格。江南明清椅子在与东西方传统椅子的比较中毫不逊色，直接体现了东方文明的风采。

早几年，曾经有一段时间，商人和收藏家为了实用，将明清椅子过分地打磨，使一些明清椅子新旧难分，更有一些商家借机把做旧的仿制品当作古家具卖。为了更明确明清椅子原始的品位，书中尽可能地选用明确为古物的明清椅子，没有收录过分打磨的椅子，避免真假难辨。

书中收录的椅子多数是著者的收藏，也有公私博物馆和研究机构收藏的椅子珍品，更有私家收藏的宝贝。清华大学、天一阁博物馆等机构，以及周巨乐先生、张德和先生、钱江先生、叶芬女士等朋友的支持使书中椅子实例更具代表性。

2012年，是由玉祥兄搭桥，著者认识了周海歌和王林军老师，并确定出版《江南明清椅子》一书，图书的美编得到卢浩老师的精心设计，使书朴实清雅。

再版《江南明清椅子》并以《江南明清椅子珍赏录》为书名，删去了十几件椅子实例，增加了六千余字的概论内容，修订了部分点评椅子的句子。

要感谢浙江人民美术出版社的策划、责编和美编老师，是她们的精心策划和编辑，才有本书的精美呈现。

靠背椅椅背板　人物

靠背椅椅背板　人物

图书在版编目（CIP）数据

江南明清椅子珍赏录 / 何晓道著. — 杭州：浙江
人民美术出版社, 2021.10
ISBN 978-7-5340-8453-9

Ⅰ.①江… Ⅱ.①何… Ⅲ.①椅—木家具—鉴赏—华
东地区—明清时代 Ⅳ.①TS665.4

中国版本图书馆CIP数据核字(2020)第230390号

策　　划　李　芳
责任编辑　徐寒冰
摄　　影　何其远　陆引潮　何其清
美术编辑　王妤驰
责任校对　钱偎依
责任印制　陈柏荣

江南明清椅子珍赏录

何晓道　著

出版发行　浙江人民美术出版社
　　　　　（杭州市体育场路347号）
电　　话　0571—85105917
经　　销　全国各地新华书店
制　　版　浙江新华图文制作有限公司
印　　刷　浙江海虹彩色印务有限公司
版　　次　2021年10月第1版
印　　次　2021年10月第1次印刷
开　　本　787mm×1092mm　1/16
印　　张　20
字　　数　190千字
书　　号　ISBN 978-7-5340-8453-9
定　　价　188.00元
如发现印刷装订质量问题，影响阅读，请与出版社营销部联系调换。